KUWEI

酷威文化

图书 影视

内向者的竞争力

THE COMPETITIVE
POWER
OF
INTROVERTS

谭云飞 著

江苏凤凰文艺出版社
JIANGSU PHOENIX LITERATURE AND
ART PUBLISHING, LTD

内向者的竞争力
目 录 CONTENTS

PART 3
内向，开启更广阔的未来

第一章 | 从心出发，点燃内动力

序言
白天不懂夜的黑——被低估的内向者优势

　　众所周知，今天我们所处的现代社会是一个充满竞争和合作的外向型社会。人们从出生到死去，几乎每一个阶段都会处于各种心理压力下，长时间"经历着歧视和被歧视的阶段"[①]。在社会上，人对人、人对某一群体甚至群体对群体的歧视，这种涵盖不同范围的非理性关注往往会造成许多意想不到的悲剧。最为普遍的一种歧视行为当中，外向性格的社会优势造成

[①] 见《内向者心理学》，马蒂·O. 兰尼著，华东师范大学出版社2014年出版。

对内向性格的歧视似乎是习以为常，甚至无处不在的。

很多家长从孩子小时候起，就让他们参加一些必要的社交活动，希望小朋友拥有一种外向的性格。也就是说，在大人的观念中，性格内向不利于孩子以后的成长，会将孩子带入一个弱势的境地。照一般逻辑看，性格内向者的成长很艰难，未来想要获得人生的成功更是困难重重。

性格外向的人热衷人际交往，他们热情、爱说话、充满自信、喜欢交友。这一类人在各类交际活动中颇有长处，适合表演、教学、指挥、管理等领域。性格外向的人大都愿意与他人共处，在其他人面前他们会显得精力充沛，崇尚冒险而且经常表现出领导才能。相反，他们不爱自己一个人做事，那样会觉得沉闷、平淡。

正是由于今天的社会推崇外向性格，方便人们互相了解，互相共事等，使性格内向的人时常被认为是"怪人"。但是，世界上有多少人性格属于内向呢？许多研究者得出不同的结论，有25%之说，还有50%之说，最多的甚至接近57%。在那些令人羡慕的各行业成功人士中，则有近70%的人属于不同程度的内向性格。在有天赋的人中，内向性格的人反而居多，这是比较客观的现实，尽管并非所有内向者都有天赋。

对于性格内向，一些人往往存在误解。不能认为性格内向的人就是爱害羞，不喜欢与陌生人相处。在行为学角度而言，内向与外向的区别是他们行为动力的来源。内向的人喜欢一个人做事，没人打扰就特别有精神；而与别人在一起，环境嘈杂，就会觉得疲惫。相反地，外向的人在人多的地方就非常活跃，充满动力；当外向者一个人独处，他们就感到无聊。

其实假如推倒思维的壁垒，就能看到硬币的另一面：内向性格表面上的缺点可以转换成为相应的优点。

性格内向的人喜欢安静和低调，是因为他们可以通过思考恢复精力，找到做事最有效的办法，比如一个人静静地阅读、写作、绘画等。因此，许多艺术家、作家、雕刻家、作曲家和发明家都是非常内向的[1]。

大部分性格内向的人不善于参加社交活动，但并非不能够同别人交往，他们只是更容易在一个人或很少人参加的活动中感到快乐，或者只喜欢与志同道合的人交流。内向的人并不是完全不食人间烟火，不同别人交往，他们一般

---

[1] 见《内向者优势》，马蒂·O.兰尼著，华东师范大学出版社2008年出版。

愿意与亲密的朋友、有共同兴趣爱好的人交往。所以，内向的人遍布一些专业领域，他们往往热衷探索，乐于发现新事物和新经验，取得令人瞩目的成就。像爱因斯坦、比尔·盖茨、沃伦·巴菲特、阿尔弗雷德·希区柯克、斯皮尔伯格、村上春树……另外一些出入各种场合，被闪光灯和粉丝包围的影视明星，很多也是内向者，如茱莉亚·罗伯茨、梅丽尔·斯特里普、克林特·伊斯特伍德、汤姆·汉克斯、哈里森·福特……因此，认为性格内向就无法与大众交流，是不准确的。

很多人认为性格内向的人一般不喜欢说话，为人冷淡，其实他们只是言语谨慎，说话需要经过仔细思考。他们在参加交流活动时一般都不爱出风头，不希望成为人们关注的焦点，往往更愿意做一名聆听者。即使关心身边的朋友，参与一些闲聊，说话也很小心谨慎。[①]

总的来说，性格内向的人在这个社会其实有不少优势：与较少的人合作时工作融洽、做事独立、思维灵活、富有自省精神、有责任感、有创造力、有分析能力。而当前很多社

---

① 见《内向者优势》马蒂·O.兰尼著，华东师范大学出版社2012年出版。

会领域，过于依赖外向性格的人，其实是因为不了解内向者的优势。因此，就会对性格内向的人产生错误的判断：不友善、书呆子、缺乏交际能力、不会与他人沟通、不喜欢亲近别人、沉默寡言、独行侠、隐居……

如果你是一个内向的人，绝不应该认为自己的性格存在很多缺点。你完全不必感到自卑，不需要对羞怯、胆小、敏感、不敢外出等一类心理感到烦恼，忽视自己同样存在的冷静、谨慎、专注、善于倾听、有洞察力等潜力。

换句话说，生活中那些性格外向的人，固然有强大的进取心，他们能言善辩，是社交领域和职场中最耀眼的宠儿，但他们也会面临思维不集中、计划容易出现纰漏等职场大忌。

为什么大多数内向的人都容易受到猜疑和误解？许多性格外向的人会带着奇怪的眼光审视内向性格的人的各种表现，甚至于内向的人自己也都经常不能理解自己。他们习惯在一个时间只专注于一个活动，并且通常三思而后行。

在现实生活里，性格外向的人能得到大多数人的欣赏和重视。而现在，应该让性格内向的人充分认识到自己的所长。我们最应该正视的一个误区是，盲目地让那些内向的人去适应外向型的社会文化并强行改变自己。我们需要澄清事实，让每一个人客观地欣赏自己固有的个性，尽管我们既有优点，也有缺点。本书的目标就是帮助大家冷静地审视自己，尽力发挥优点，尽力修正缺点，无须矫枉过正、刻意从众。

在本书中，读者将通过三个大的方面获得一些小小的收获：（1）客观判断自己是否是一个性格内向的人；（2）通过哪些方式来深刻理解、适当提升内向性格的潜在优势；（3）具体如何运用性格优势应对可能出现的问题。

通过对性格内向的人的各种优势和劣势的综合对比，对这一性格的表现进行深入探讨，为性格内向的人指明，如何利用他们的个性来创造并享受美好的生活。书中内容涉及学习、工作、社交，以及为人父母和养育性格内向的孩子，等等。书中有应对的策略、管理的方式及很有价值的建议，书不仅有助于性格内向的人在外向的世界里很好地生存，而且有助于他们获得真正的成功。

PART1
内向，解读世界的另一种方式

第一章
世界被外向型占领了吗？

第一节 心理学对内向与外向的区分

我们所处的现代社会以商业经济主导发展方向，这要求人们需要具备相应的沟通交际能力。在日常生活中，人们不禁都会觉得外向型性格的人要比内向型的更容易适应环境，性格外向显得交游广阔，在社会上各方面都比较吃香，这样的人似乎是当今社会理想的通用型人才。

20 世纪 20 年代，瑞士心理学家卡尔·荣格提出"内—外向人格类型"学说，大致诠释了"内向"和"外向"的概念。他认为，有些人会把生命力指向外部世界，致力于认识和改造外部世界。另一些人会把生命力指向内心世界，致力于了解和改变内心。^① 客观来说，"内向"原本应该属于一个中性的词，不知什么时候却成了代表敏感、保守、脆弱、悲观、孤独、冷漠、沉默寡言的贬义词。假如童年时候，我们收到一句来自长辈或朋友"你太内向了"的评价，就会情不自禁地觉得有受到怜悯、同情甚至谴责的意味，或者还会有一种秘密被拆穿的羞耻感。

荣格在他的书里概括，性格内向往往是被内心世界的想法和感受吸引，而性格外向则倾向于关注人们外部的生活及活动。内向者的注意力往往集中在他们身边事物的意义上，而外向者则会投身到事件当中。内向的人会在他们独处的时候为自己充电，而外向的人则会在社交活动满足不了自身需求的时候为自己充电。

《心理学词典》对"内向"的解释是："一种主要的人格特质，其特征是专注于自我，缺少社交能力，以及较为消极被动。"对"外向"的解释是："性格外向的特点是对外部世界感兴趣，具有高度的自信，社交能力强，敢说敢做，追求

① 卡尔·荣格在 1921 年写了《心理类型学》(Psychological Types) 这本书，详细描写了他在心理治疗中对病人长期观察所总结的不同的人格类型，因此他提出了内向与外向的性格概念。

感觉和崇尚权威。"①

　　当然,人的社会性格分类有很多种,但人们习惯以外向型或者内向型为主要判断标准。善于表露自己的感情,为人活泼、热情、开朗,比较容易与别人打交道的属于外向型;而为人比较腼腆,对一些自己不擅长的事就会选择不去做,不太爱去挑战的属于内向型。个别性格内向的人迫于生活压力会渴望改变,他们迫切地想要通过心理咨询或者阅读书籍等方式,让自己变得外向,仿佛性格内向是他们的错误,是一切生活问题的根源。面对生活和交际的种种问题,改变内向的性格,成了很多人自我完善和个人成长的重要目标。

　　在多数人的眼中,性格外向的人善于社交,他们普遍情商较高,他们经常是大小圈子的焦点和中心。性格乐观积极的外向性格者好像没有太多的困难和烦恼,是许多人羡慕和喜欢的对象,以至于很多性格内向的人,其实心底里都渴望把自己改造成一个外向者。

　　就像畅销书作家苏珊·凯恩总结分析的那样,在这个外向型性格主导的社会中,外向意味着善于交际、自信和有活

———————————

① 见《心理学词典》,阿瑟·S.雷伯编著,英国瓦伊金出版社 1985 年出版。

力，而内向变成了一种"次等个人人格"。内向者在这种社会环境下，就类似于女性生活在男性为主导的社会体系中，自身价值大打折扣，内向者甚至常常被误认为能力不足。[①]但世界上有三分之一到二分之一的人都是内向型性格，如果内向者真的不适合社会发展，为什么没有在漫长的人类进化过程中被淘汰？

人的性格养成主要归结于社会环境，尽管各式各样的性格自古已然，但20世纪以商业经济发展为主导，全世界充满竞争与合作的社会趋势，促成了人们对外向与内向的不同性格产生各种利弊分析与解说。在社会发展中具备一定优势的属于优良的、有竞争力的性格。

中国古代长期处于农耕社会，就像《桃花源记》中所描绘的田园生活，人们的日常活动仅仅局限于自己的村落，或者周围数十里的区域。日出而作，日落而息。人们对每天一起工作和交际往来的伙伴，几乎都知根知底，自幼熟悉。甚至很多地方的人，一辈子都没有离开过自己的故乡。在这种习俗下，人们看重的是自己是否有责任心、懂礼仪、具备谦

① 见《内向性格的竞争力——发挥你本来的优势》，苏珊·凯恩著，中信出版社2012年出版。

逊的品质，并不在乎自己在别人眼中留下什么样的印象。

随着近现代工商业时代的到来，社会的商业化和城市化，把人们拉进了一个复杂的社会关系网络之中。人们每天外出工作都会接触形形色色的人，交流谈判可能就是为了一桩买卖、一次互相合作。如何给那些毫无血缘关系或交情的人留下好印象，是人际交往中的首要问题。为了使自己更加适应环境，使自己的发展前景更加广阔，我们不得不注重交往沟通中给他人留下的印象。因此，那些热情、活跃、健谈、说服力强、有主导性的外向者，似乎更能受到大家的欢迎。

对于竞争激烈的现代商业社会，外向型性格的人似乎是最佳匹配者。在商业社会里，外向者能如鱼得水，而随着商业社会的不断发展，越来越多的人开始对外向性格进行推崇。

一直到现在，我们的社会仍然是一个外向型趋向的社会，我们生活在一个外向理想型的价值系统之中。外向型性格的人其实更容易获得机会与赏识。社会会希望你是善于社交，敢于表达自我、推销自我的人。因为社会毕竟是一个群体，需要我们维系人与人之间的关系。

正因为现代社会的价值系统鼓励我们变得外向，只有性格外向的人才会更受人欢迎，无论是学习工作，还是恋爱交友，一个能说会道的人总会比安静沉默的人更有吸引力，因为他们能给人更好的第一印象。以至于今天提及某个领域的成功之道，一般都习惯把个人的胆量、魄力等要素放在前列。显然胆大的人勇于拼搏，善于把握机会，该出手时就出手。在竞争激烈的社会，外向者的胆量和魄力正是他们的一大武器，他们擅长肯定自己，推销自己，让别人能很快感受到自己的长处[①]。

出于种种原因，内向者陷入了被迫发展外向性格的境地——为了在一个全新的且竞争激烈的社会中脱颖而出。即使是内向者自身，也不愿意承认自己就是一个性格内向的人。

第二节　内向性格等于次等的人格？

人的性情通常与生俱来，而每个人表现出的个性却是十分复杂的，是生平经历和文化底蕴相互影响的结果。有人将性情比喻为地基，那么个性则是建筑。

心理学和神经学的研究表明，外向型或内向型性格的形

---

① 见《外向者优势》第一章"海豚一样的外向者"，胡邓著，机械工业出版社 2010 年出版。

成和遗传及生理因素有关。外向性格，可以说是上天赐予他们的"礼物"，每个外向的人都需要珍惜这一优势。一般来说，对于同一事件，内向者受到的冲击更大，产生的情绪也更多，例如紧张、恐惧、焦虑等。

"你老是爱一个人待着不好，要从自己的世界里走出来。"

"你平时好像不怎么说话，为什么不多和朋友们聊天呢？"

"你这么内向，以后在单位上怎么交朋友？太内向的人不好升职，也当不了领导。"

相信内向的人多多少少都被家人、朋友劝说过，希望你学会变通，想办法活得外向一些。如果性格太过内向，就会让人感到你的前景堪忧，并且还有可能被贴上焦虑、自卑、太沉默、不爱说话等不利于发展的标签。

我们一生之中，家人、师长、领导不知不觉都在传递一种观念：好的性格就是要勇敢、快乐、善于表达。而性格内向似乎会有一些病态的心理特征，甚至会使人们产生严重的偏见。在把外向性格看作理想的思维影响之下，内向的人就如同女人在男权社会下的处境一样，地位和价值都会大打折扣。

你可以回顾一下自己的人生经历，很多人时常都会感受到，身边大人传递的观念都是"内向不好"。例如小时候家里来客人，如果你害羞不打招呼，家长往往就会带着歉意对客人说："不好意思，孩子不喜欢说话。"到上学时，如果你性格太安静，同学也会好奇："你怎么不和大家一起去玩？"工作后，如果你不善于和大家打成一片，上级或同事则会认为你可能不大合群。

社会环境促使了外向性格的人占据着主动和相对优势，好像他们是内向者的"天敌"，内向者似乎毫无招架还手之力。外向的人比内向的人更容易获得成功，他们就是从小到大，你父母和亲戚口中那个仿佛更受欣赏的"别人家的孩子"。

外向型性格更容易表现自己，而性格内向往往不擅长和别人沟通，一般难以得到关注，尤其是在激烈的职场环境中，容易失去竞争的优势。比如在公司里，你不敢上台展示和解释项目方案，哪怕是自己设计的提案，你也怕自己表达得不顺畅，怕在现场被各种提问，为此，你宁愿把展示的机会让给他人……

那些性格内向的人，他们面对陌生环境时往往会产生紧张、焦虑的情绪。但是，难道他们真的不适宜面对竞争吗？难道必须要每天早晨起来打鸡血似的喊着口号，试图改变性格才能不被社会淘汰吗？这个世界就没有内向者的一席之地吗？事实上，任何事情都不是绝对的，世界也需要这些安静、沉默的人与那些大声说话、健谈的人，也就是"外向者"达成平衡。

第三节　"由内而外"

21 世纪以来，互联网的迅猛发展，使当今社会又发生了新的变化。

今天多数年轻人的"外向"与"内向"已经不再有明显和绝对的界限。内向的人也许更愿意通过网络来表达自己的内心世界，倾诉一些个人的观点。他们的家人和朋友多半会感到惊讶，可能都想象不出性格内向的人会在"虚拟社区"上自由自在地表达真实的自我。相对那些外向的人来说，内向的人才会投入更多的精力在某些网络社交的聊天讨论上，他们很喜欢这种不见面交流的方式。

对于一个性格内向的人来说，他也许永远不会在一个几百人的会议厅里主动举手发言，但他却可能用两个小时发一篇博客或者公众号文章，而他的网络受众可能就有几百人，甚至上万人。

（一）个性"由内向外"炼成

我们每一个人生活在世界上都拥有自由意志。当然这个概念很宽泛，若从社会学角度来说，一般都认为人要为自己的行为负责，并且每个人的所作所为都应该受到褒贬。简单一点儿说，就是有做其他选择的能力。因此，每一个人都是通过自由意志选择、塑造个性的。

性格内向的人大脑中的杏仁核异常敏感，杏仁核的部分功能就是产生和识别情绪，面对新鲜事物时，高度敏感的人往往容易觉察到变化。他们把自己的生活安排得比较平静，对细微的环境影响都很在意，对听到的、看到的、闻到的都非常敏感。

内向的人在别人的目光下做事情时通常很不自在，也会在一些对个人带有评判性质的场合，如恋爱约会、工作面试等，觉得非常紧张。这些高度敏感群体往往会在他们的人生方向上偏向于哲学或精神价值，而不会向物质主义或享乐主义靠拢。[①]

———————————————

① 见《安静：内向性格的竞争力》，苏珊·凯恩著，中信出版社 2012 年出版。

　　很多人的性格都难免透着不和谐之处，而且会随着时间的推移发生深刻的变化，不是吗？我们不能控制我们是谁，可是我们能决定我们要成为什么样的人。我们的性格可以发展塑造的部分，也许非常有限。我们自身表现出来的个性，很大程度上由基因决定，除此之外，还受到大脑和神经系统的影响。

　　（二）内向性格需要改变吗？

　　那些内向性格的人真的需要变得外向吗？这是莎士比亚式的一个终极思考。

　　内向性格当然有自己的优势。从生理条件说，内向者的神经更为敏感，这让他们对细微之处有更多的觉察。敏感有时候会造成麻烦，但有时候也很有用。比如，内向者对美更为敏感，他们更珍视自己的精神生活，所以很多人成了文学家、艺术家，古时如王维、杜甫、曹雪芹，近现代如沈从文、钱钟书。

　　内向的人容易对别人产生同情——这是友善的方面；内向的人容易为自己的过错感到自责——这是品德的方面；因为经常焦虑不安，内向的人会为事情做提前准备——这是职业的方面。

　　总的来说，内向的人作为工作伙伴可能更靠谱。既然内向性格有这么多的优势，为什么不安心做个内向的人呢？

　　其实，相信很多人都曾经为性格的内向而尝试改变，尤其在青少年阶段。像我一个朋友，在一家大型超市工作，平时就表现得非常外向。在一次年末聚会活动中，他和我说起，他原来也是一个非常内向的人，经常觉得孤单。上大学后，他决心要做一个性格外向的人。他刻意同人打招呼，主动和同学们说话，参加各种校园活动，有发言的机会他一定要强迫自己发言。他后来说，经过差不多两年的努力，他变得积极自信了。当时同学们都把他当作一个外向的人，几乎都不相信他刚来的时候曾经是一个内向的人。

　　很长时间以来，我都很佩服这个朋友为改变自己所做出的努力。但有一天他突然告诉我，他有时候也会有一种深深的不安，每天在人来人往的单位和各种应酬中，他为了业绩积极表现，但好像一直是在刻意"装扮"某种角色，而不是他自己，有时候想起来就会情绪低落。

　　因为这个朋友的一番倾诉，我有时候也回想自身的经历，包括接触到的许多朋友或者同事的经历，渐渐发现这不是个别情况。一开始我以为，这只是行为改变的时间不够长，人们还没有习惯。但是这种不安感的持续时间如此之长，可能并非简单的外部问题，某种程度上可能真有一个内在的"真实自我"，强行偏离这种"真实自我"总会让我们感觉不适应。

（三）勇敢展现真我的风采

就具体技能与修养训练而言，无论性格内向的人还是性格外向的人，都有提升的余地。不过在职场谈判、公开演讲等领域，内向的人容易紧张，因此会被认为不适合。内向的人要在这些领域取得进步，主要是"从内而外"发现自我价值，先在这些领域找到相对的优势，让局部优势引领自己去慢慢调整和改变。

以我自己为例，虽然与人打交道没有问题，但我曾经也有内向的一面。一个主要表现就是在人多的场合讲话发言会很紧张，总担心自己会失误，总是显得不自然，经常会结巴、忘词、脸红心跳等。从习惯角度来说，如果在某一方面感到焦虑，很容易在其他方面也怀疑自己，这就好像一种传染病。于是其他方面都开始畏首畏尾，生活也因此变得狭隘了。

大学毕业以后，我进入新闻媒体行业，通过采访写稿的经历不断锻炼，性格内向的一面在逐渐改变，自己与他人的交往方式也有一些调整。后来，有一所民办大学要找新闻专业领域的周末兼职教师，我考虑了好几天，心想这个事情可以提升自己在业内的知名度，就答应下来了。可从接下任务的那一天起，我一连做了几天的噩梦，梦见自己在讲台上，当着满屋子的人，讲课时连连出错，搞得十分狼狈难堪。当然，我尝试过设想一些应对办法，比如想象轻松的氛围，多做互动，多看看窗户外面舒缓紧张情绪……事实上，任何的改变都不容易。

最后上课时我做足了准备，很早就到了教室，当我站上讲台的时候，我十分自信。我充分了解了要讲的内容，可让我意外的是，当时教室里只稀稀拉拉地坐着十来个学生，和我之前每晚想象中的几百双眼睛盯着你，差别太大了。就这么十来个听众，一学期下来让我开始学会在众人面前讲话，让我积累起经验。虽然每次在人多的场合讲话，我仍然会紧张，但我再也不会像以前那样"想多了"。

当然这算不上一个多么成功的故事，我之所以觉得有道理，是因为这里面蕴含了对内向性格的改变，虽然不是不可以，但也要遵循一些基本规律。改变无法凭空发生，真正有效的改变必须"由内而外"，发现内向性格方面的长处，然后逐渐积累，因此这需要两个支点。

　　第一个支点，需要你能积累相关的成功经验。它会改变你的预期，让你自信起来；第二个支点是在这些让你害怕的领域，要有一些自己的优势。

　　例如我自己的优势在于，总是试图把书上或学术文章中看到的知识，以及社会上发生的现实案例，和我们身边的生活建立联系，思考它们对我们人生的指导意义，并把这种思考与大家分享。是总结和分享的欲望，让我逐渐克服了讲话的恐惧。

1 第二章
拒绝内向？听听心理学家怎么说

第一节　内向其实也分层级

从科学上来看，如果一个人在生活上承受着不同的压力和刺激，多多少少都会有某种程度的社会焦虑，严重一些的可能会高度神经过敏，更严重的会有精神分裂。所以，每个人在性格方面的内向与外向，并不是绝对的。有些时候表现得很内向，其实只是一种协调内在精神世界的健康的能力。本质上是一种建设性的、有创造性的品质。

艾森克个性问卷对典型的内向性格描述为：安静，离群，内省，喜欢独处而不喜欢接触人；保守，与人保持一定距离（除非挚友）；倾向于做事有计划，瞻前顾后，不凭一时冲动；

日常生活有规律，严谨；遵循伦理观念；做事可靠；很少有进攻行为，多少有些悲观；焦虑、紧张、易怒还有抑郁；睡眠不好。具体表现与受教育程度、个人经历、生活环境诸因素有关。①

（一）内向的表现形式与种类

我们已经多次表明，性格内向的人看起来喜欢独处，但其实也具有一定的社交技能，但是，他们可能只喜欢与某一类人交往，或者喜欢某些类型的社交活动。然而，聚会上的闲谈可能会耗尽他们的精力，而几乎不会带来什么回报。性格内向的人喜欢一对一的交谈，而群体活动会使他们觉得压力太大或精力不够。

社会焦虑：严格来说，社会焦虑带着宽泛的外部因素。"和纯粹个人的焦虑不同——那是在任何社会里都免不了的，社会性的焦虑特属于某些社会或时代，它是一种广泛的心神

---

① 艾森克个性问卷，由英国心理学家 H.J. 艾森克编制的一种自陈量表，是在《艾森克人格调查表》的基础上发展而成的。20 世纪 40 年代末开始制定，1952 年首次发表，1975 年正式命名。

不安和精神不定，是一种弥漫于社会不同阶层的焦虑，它不会轻易消退，不容易通过心理的调适而化解。人们所焦虑的对象或有不同，但在其性质和内容上又存在着一些共性。比方说，贫困者可能会忧虑自己的生存缺乏保障，而富有者则可能忧虑自己的财产缺乏保障。两者虽然不可等量齐观，而忧虑则是都存在的。"[①] 这种情形下，一个人处于人群之中的自我意识体验，可能受到强烈的社会情绪影响，表现出恐惧反应，通常是从学校、工作中，也包括在家庭环境中感受的。即使是一对一的交谈中也能表现紧张或某种不舒服。其实这不是精神方面的问题，而是对其他人的看法或反馈，让自己产生不安，以及担心别人会对自己产生怎样的影响。也就是说，焦虑的产生不完全是因为性格的内向，也可能是因为担忧其他人会怎样看待自己。

　　神经过敏：性格方面的神经过敏其实普遍是指心理过敏，而非病理上的症状。有一些内向的人心思灵敏、观察细致，直觉方面也很厉害，比大多数人都具有较好的辨别力。他们可能很排斥一些正常的交际活动，对一切人际接触都觉得不

---

① 见《中国的忧伤》，何怀宏著，法律出版社 2011 年出版。

舒服，一个眼神、一句话语都可以触动他们脆弱的神经。但是，这种反应并不局限于内向性格，有些外向的人也同样会神经过敏。

精神分裂：严格来说，这是典型的精神疾病，往往是由一系列临床症状表现出来的综合性特征。而且不同的人由于背景和遭遇不同，表现出来的情况也会不同，是一种非常复杂的精神疾病。有这种精神倾向的人，需要与别人建立一定的关系，但又恐惧与外部接触太密切。在大多数情况下，他们采取远离尘嚣的避世态度，以逃离与他人接触带来的任何伤害。

除了以上不同层次的心理表现外，人们对内向性格往往还有误区：可能以为性格不外向的人就一定是内向，陷入非此即彼的误判中。事实上，人的精神和心理特征错综复杂，并不会那么简单。从心理学上分析，内向性格指的是心理能量来自内心的人，而外向性格的人，习惯通过人际交往补充能量。

换句话说，即使内向的人与人之间，表现出来的特质也并不是都一样，他们也分为很多种类型。从心理学角度，一般将内向性格分成四种主要类型。

1. 社交型的内向

这种人并不排斥社交，也善于同人打交道，只不过热衷于小群体，倾向与两三个或三五个熟悉的人打交道，追求交谈接触的人群类别与范围和一般人不同，就像俗话说的交朋友很重质量而不重数量的一群人。

2. 焦虑型的内向

这种情况就比较复杂，这种内向时常会与不自信，以及强烈的自我意识结合在一起。有这种内向性格的人会很容易感到焦虑，尤其是在一些聚集人群比较多的场合，他们会把关注点转向自己，会显得很紧张，容易陷入焦虑中，非常担心别人怎么看自己。

3. 克制型的内向

这种克制型的内向者看上去做事很有条理，而且都会事先就做好准备。好比发言会在心中打好草稿，谈业务也一定会做好规划。所以，外在表现和外向的人也很相似，但他们之间的区别也比较明显。如果出席一个活动，外向型性格会什么都不想就积极参加，而这一类克制型内向者就一定会考虑很多细节，做足功课才会出席。

4. 思考型的内向

这一类人在其他人眼中是善于思考的，可能对自己的情感和想法比较保守，不喜欢与他人分享自己的观点和意见，甚至比较喜欢沉浸在自己的世界中。这与人们常说的沉稳有点像，但这也是性格内向的一种表现。

其实，几种类型基本涵盖了性格内向的表现倾向，而每一个内向者可能属于其中的某一种，也可能是几种类型的复合。

（二）形成内向性格的原因

由于内向性格的心理活动是获得行为能量的渠道，所以性格内向的人就会表现得专注自我或不问世事。因为当他们感觉外部刺激足够强时，便将信息进入的通道关闭，需要对外部经验和自身经验进行比较，尝试在已有信息的基础上，理解新的信息。

从性格的养成而言，每个人最终成为内向的人还是外向的人都有客观环境的原因，内向性格的形成往往也有特定的背景。

1.天生的内向性格。

2.因为大脑意识敏感而产生对人的紧张、恐惧，像青少年时期与异性开始接触时，过分在意对方的看法，内心慌张，造成某种不自在的尴尬局面。

3. 家庭背景和保守的观念。一些人内向性格的形成与自己家庭有很大关系，比如他们的父母属于思想传统或者严厉苛刻的人，他们希望孩子从小规矩、做事服从家长的安排、不可有太多的自主性，而且与子女保持一定的距离。这种教育方式可能会让孩子失去了这个时期应有的天真、活泼，容易造成以后不爱表达、沉默的人格。父母与孩子的关系应该有长幼区别，但不是传统封建家庭的尊卑服从。父母应该通过爱和奉献，让孩子感受到幸福。有些家长对孩子管束过于严厉，不让子女去结交朋友，不允许孩子参加任何课余活动，他们认为这类活动会影响他们的学业。所以，一些青少年在踏入社会之前，生活圈子只限于学校及家庭。这些从小与同龄人缺乏充分沟通，成长空间过分狭窄的青少年，在一般人际沟通的技巧上就很欠缺，那么，当他们正式踏入社会，开始做事时，无意之中就会得罪一些人，而这些人对他们所表现出来的反感，使他从此不敢再尝试与别人沟通，同时完全退缩到自己的个人世界。

4. 与自身经历有关的性格养成。一些内向性格是在生活实践中，在人同环境的相互作用中形成的。人的生活环境，具体地讲，就是人的家庭、学校、工作等，人与环境的关系发展过程便是经历，经历也是性格形成的条件。

（三）内向性格的特征

为什么性格内向的人有时候会使性格外向的人感到不安？因为性格内向的人表现出来的举动，可能有时候自己都会感到糊涂：当感觉到精力疲惫，他们其实可能也会显得很矛盾。也许前一天他们还非常健谈和喜爱交际，后一天，他们可能就会一句话也不想说了。

综合来总结，性格内向的人很可能会有以下较明显的特征：

1. 将精力保存于内在世界，使其他人难以理解他们。

2. 专注于思考问题。

3. 在谈话前会犹豫半天。

4. 避开拥挤的人群，寻找安静。

5. 忽视其他人在做什么。

6. 小心谨慎地与人交往，只参加经过选择的一些活动。

7. 不会随意地发表意见，需要别人问到才讲出自己的看法。

8. 如果没有足够的时间独处或没有足够的时间不受干扰，

就会变得焦虑不安。

9. 以小心仔细的方式思考或行动。

10. 不会表现出太多的面部表情或反应。

第二节　心理学界对内向的新解读

如果我们从心理科学的角度全面认知了内向性格以后，就应该重新对内向者进行一番定位和解读。比如现代社会很多工作都需要比较外向一点的人，而内向的人是不是就得必须锻炼自己的人际交往技能呢？在他们的身上，哪一些特质是可以保持的，哪些是需要改善以便于更好地适应这个社会的，这是一个相当普遍的问题。因为多数的人在社会规范的约束之下，往往都会强迫自己装得很外向。其实有时候，他们自己更喜欢内向。

（一）内向与外向不等于个性塑造

苏珊·凯恩认为，性格内向的人不仅不是以自我为中心的，事实上可能还恰恰相反。性格外向的人不会像性格内向的人那样，拥有那么多的内在刺激，所以他们需要从外部世界寻求刺激，因为内向的人不以他们所需要的方式闲聊或参加社会活动，这使性格外向的人觉得受到了威胁和挑战。

从传统人格心理学的角度对外向、内向进行区分虽然是一种主流观点，但也不是完美无瑕。因为现代社会中，每个人表现出来的个性是复杂和多元化的，健全而自在的个人，实际上有些个性应该固守，而有些个性应该随着成长或发展进行调整，以适应社会需求。

这种心理状态的微妙之处，也促使今天许多人的表现不能一概而论。也就是说，一些人不论属于内向、外向，都会在社会生活中采取不同的社会认知取向。也就是说，他们会依据自己的内心需求，对不同个性特质加以判断和取舍。

但今天的一些人格心理学家往往忽略这种细微表现。比如，几大人格模型或者其他模型，都很少关注人们表现之外的动机、内心需求等。尽管按照特质来划分，可以将人分成内向、外向；按照动机或者社会认知取向来划分，可以将人划分为高合群取向、低合群取向。

假如一个人的行为动机与他的个性特质相吻合，那么一般来说，这个人在现实生活中很难产生心理冲突。如果一个人可能是一个很合群的人，很希望跟朋友在一起，而从个性特质上讲他却又比较内向，喜欢安静的相处，这样一个人的心理状态就产生了冲突，从而产生了一个有意思的人格。个人感觉，这种人常常在销售行业可以发现，他们非常善于处理人际关系，但是并不可以轻松地切换状态。所以，性格的内向与外向，在真实的社会中的表现是多元化和复杂化的。实际上社会中内向的人有时表现得与外向性格并无太大差异，所以需要细致感知和体会他们的内心世界才能发现区别。

（二）内向者的交际方式

如前面分析，性格内向的人并不是不爱交际——他们只是以不同的方式进行社会交往而已。内向的人喜欢维持适量的朋友关系，与更多人交往会花费大量的精力，所以，他们可能不愿意将太多的精力用于社交活动。在交流与沟通中，他们喜欢谈得来或者兴趣志向相同的人，从而增进学识，或者，在交流内涵丰富的思想时，获得满意、快乐的感觉。即使不得不参加一些更多人的聚会，甚至对其他人很感兴趣，但他们也更喜欢观察倾听他人的谈话而不太愿意加入其中。

那么，内向性格比较舒适的交际方式一般是怎样的？

第一，在交际中喜欢带着思考。对于那些性格外向的人来说，谈话和思考往往同时进行，即使和很多人同时交谈时，有的人依然可以十分清晰地思考问题，因此在社会交际中有着突出的优势。而性格内向的人容易因为心思细腻而陷入沉思，对思考比谈话显得更投入，以至于他们的交流沟通总是"慢半拍"，或者与交谈的人不太投机，给人的印象就是不善交际。对他们来说，需要一些时间来回味交流的话题，与人交谈也不会主动地讲话，除非那是一个自己非常熟悉的话题。在交往中，性格内向的人表现得非常小心谨慎和消极被动。一些性格外向的人会对内向的人产生隔膜，或是觉得对方不可信任。因为性格外向的人一般都习惯于有话直说，他们可能不太亲近那些较为沉默含蓄的人。当性格内向的人带着迟疑讲话，甚至有点吞吞吐吐时，外向的人可能会感到不耐烦。有什么话不能直接说出来呢？为什么他们对自己的观点没有自信？难道他们想要掩饰什么？性格外向的人可能会觉得性格内向的人是不是故意要保留一些消息或想法。

第二，喜欢替对方保留余地。有时候，性格内向的人会显得反应慢，讲话迟钝，好像与人交谈并没有全身心地投入，不论交谈的对象是性格外向的人还是性格内向的人，对方对这种表现都会不满意，因为内向的人好像不能在交流中提供任何有价值的东西。其实，性格内向的人往往不喜欢干扰别人，他们对于交际，往往会尽可能地为对方多留空间，保留余地，即使意见不一，可能也只是委婉地或不做任何强调地表示回应。在另外的场合，性格内向的人经过思考，真正表达他们的观念时，却能够说出不同寻常的道理和深刻独特的见解。但是他们的表达有时候会使人们感觉到不舒服，甚至让人轻易地便忽略其观点的价值。然而，当言辞动听的人陈述同样的观点时，却能得到热烈的回应。这使社会交际本身流于表面，是许多内向者不太愿意参与应酬的原因之一。许多性格内向的人在社交场合，虽然看起来毫无表情或表现得漠不关心，实际上，他们通常还是会留心和思考人们正在谈论的事情的。如果问到他们，他们便会与大家分享他们的思想。

第三，促使对方停下来思考。性格内向的人经过深入思考发表的看法会更加深刻，但在一些场合下，性格外向的人可能会对这样的观点难以接受甚至感觉不适，认为内向者过于较真。内向者郑重其事的态度，真正的意义在于启发他人也做出冷静的思考。不论在社会交往还是商业职场上，这都是非常值得重视的品格，不是吗？往小里说，在发言前先思考一下，可以让我们条理清晰、信心倍增地表达自己；往大里说，制订计划时考虑后果，重大行动前看问题长远一些，都将影响深远。所以，如果双方都不了解彼此的性格特质，性格内向和外向的人无疑会相互激怒，互相埋怨，很难共处。反之，或许可以形成优势互补，那么岂不是一件非常美好又让彼此受益的事情吗？

（三）内向者的细腻表现

从日常生活的种种迹象都可以看出，性格内向的人心思敏感而细腻，所以只有通过感知与了解，才能进入他们的内心，能够洞悉他们心底的秘密。

1. 通常对新事物反应迅速。一般情况下，如果周围有电话铃声响起，一个性格内向的人会因为敏感，大脑立即变得活跃起来，而外向的人却好一会儿才能够反应过来。只不过内向的人需要为行动做一段时间的准备，因此可能会犹豫好一阵儿才接电话，而外向的人通常会立即就接通电话。内向的人会对新的情况反映强烈，而外向者对改变的应对非常迅速。

2. 对闲聊很排斥。其实有一些心理学观点认为，漫无目的的闲聊会阻止人们进行真诚的交流。内向的人可能认为自己不被关注，或者和别人喜欢的话题不同，所以并不乐意参与闲聊。他们对闲聊感到排斥的真正原因是，这种漫无目的的谈话方式在自己和他人之间建立了一道鸿沟。其实性格内向的人并不是不愿意交流，他们更喜欢以真诚的方式交流，深度的和有意义的交流才是他们所渴望的。

3. 不愿意冒风险。内向的人会对选择的风险进行仔细考虑和全面衡量，这跟他们的大脑结构有关联。心理学家和医学界的研究结果发现，性格内向的人大脑中的多巴胺活跃模式与外向者的不相同。这并不是意味着内向者脑内的多巴胺含量比外向者少。他们的多巴胺含量相同，但是内向者相对来说会更少地使用那些产生多巴胺的大脑区域。

4. 喜欢深度思考。其实，性格内向的人在大脑活动方面更多地依赖一种叫乙酰胆碱的神经递质，这种神经递质跟产生愉悦心理相关。这就导致内向的人往往会对事情的思考更加深入，也让他们能长时间地关注一个任务。

5. 更富创造力。内向的人一般喜欢一个人做事，他们需要利用这种方式来发现更富有创造性的东西。在日常生活中，很多人都能发现，一些无法长时间一个人待着的孩子，假如要发展他们的创造能力，一般会遇到很多困难。大部分被认定为内向者的艺术家和作家，他们最好的作品通常都是在独处的时候创作的，而不是在集体工作的时候完成的。

6. 不擅长作伪。假如让内向的人强行装作性格外向，长期间从事谈判性工作，或者销售类职业，让内向的人表现出"外向"的样子，结果肯定不如人意。因为"作伪"或"假装"消耗了他们的心理能量，会让其精神十分疲累。这一点非常值得重视，因为这个世界总是习惯于把内向者塑造成外向者。

7. 拥有更高层次的目标。他们对基本的物质需求也并不特别看重，尤其是现在的社会传媒都在强调幸福快乐的重要性。心理学家的研究发现，假如内向的人发现人生中存在他们更感兴趣的目标，这些追求高于基本的物质生活层面，比如说艺术创作、科学研究，那么内向的人会更倾向于全身心地投入更高层次的追求，反而对物质生活欲望一般。

第三章
内向还是外向，你真的认识自己吗？

第一节 内向者，为什么被误解的总是你？

一个人的性格决定他的机遇。之所以每个人给人的感觉都不同，主要就是因为他们的性格不同，性格不同就会让一个人的思想、行为、认知等方面都不同。性格不同于心理学中所说的气质，不完全都是先天形成的，多少还是会受外界环境的影响。

我们人类之所以不同于动物，就在于每一个人都具有很强的自我意识，能够认识自己的存在与意义，可以诠释与修正自己，以实现自我性格的完善。

"内向"和"外向"这两个心理学的专业名词常被许多人

在不甚了解的情况下，在各种场合中滥用或误用。

美国教育家和畅销书作家苏珊·凯恩在《安静：内向性格的竞争力》中提道：其实内向也不过是与外向相对的一种性格特质，而不是一个需要改变或能够改变的心理问题或性格缺陷。[①]

就像男女的性别是天生的一样，内向和外向的性格也是先天形成的。内向性格更像是一个心思深沉的思想者，而外向性格更像是一个积极果断的执行者。两种性格本身没有什么好坏优劣之分，也没有哪一种性格是绝对的有益无害。但为什么总是内向的人遭受误解呢？

误解一：内向等于社交焦虑

前面也提及，有些被看作是"内向性格问题"的现象，可能指的是"社交焦虑"或"缺乏社交技巧"，但两者并不是一回事。社交焦虑是指参与社会交往时感到焦虑、紧张。很多社交焦虑的人，内心是想要与他人接触的，但是他们对外

---

① 见《安静：内向性格的竞争力》，苏珊·凯恩著，中信出版社 2012 年出版。

部评价，尤其是负面评价过分关注和担忧，对犯错误的恐惧和尴尬，阻挡了他们与人交往。但是，内向性格的人并不害怕进行社交活动，但是他们表现得不喜欢参与活动其实是他们的自主选择。多数情况下，他们并不渴求与人接触，他们更喜欢独处。

误解二：内向者不善言辞

性格内向的人并不是不能与他人交谈说话，他们只是不喜欢没有主题或漫无边际地闲聊，不喜欢讲无关紧要的话。实际上他们内心里可能藏着很多话，如果遇到自己感兴趣的话题，或者聊得来的朋友，就会滔滔不绝地倾诉。相比同多数人一起出去玩乐，他们更热衷于和少数几个人交流，并偏爱有内容和深度的谈话。简单说来，内向性格者的不爱说话等行为，不是因为他们"不能"，而是"不想"。

据说以口才谋生的人，比如主持人、相声演员、演说家，性格内向的人反而比较多。对他们而言，说话可能只是一项工作，他们可以在众人面前发表演说、在舞台上表演，但可能在私下里却不太喜欢在一大群人中进行社交性质的聊天。

误解三：内向者不喜欢与人打交道

其实，内向的人非常重视友谊，因为身边真正的朋友数量可能并不多，他们随时能够叫出亲密朋友的名字。一旦与内向的人成为朋友，也就真正地走进了他们的内心世界和生活圈子。另外，内向的人喜欢思考，有时候可能近乎胡思乱想。如果他们找不到可以共同谈天说地，或者分享自己乐趣的人，他们的生活也是非常孤单的，因为每一个人都会渴望有一个知己，内向的人更是如此。他们不希望将自己卷入繁杂热闹的集体环境中，因此他们不需要长时间地待在公共场所。

误解四：内向者很古怪

由于内向的人崇尚个人主义，他们的行为一向不爱屈从于大多数，更喜欢自己内心认同的生活方式。因为他们常为自己考虑，所以就显得和社会那样的不合拍。他们在某些重要的方面不会人云亦云，在大多数时候也都有自己的看法和主见。所以，可能会因为行事谨慎、沉默寡言而被贴上"不合群""高冷"的标签，甚至还会被家人和朋友强迫着外出。

其实，性格内向的人自己并没有什么不方便，却会被担心自己的父母要求变得外向一点。而这些性格比较自我的人，可能因为旁人的观点感到困惑并自我否定。其实性格的特点与心情没有必然联系，内向的生活方式并不是不快乐，他们只是喜欢享受另一种类型的快乐，比如沉浸在无人打扰的安静中读一本书。

误解五：内向者粗鲁愚笨难以沟通

在与别人照面寒暄的时候，内向者不喜欢说些拐弯抹角的话。他们希望人人都像自己那样真诚。但很不幸的是，在大部分情景下这都行不通。所以内向者很自然地就会有些社交压力，他们很难融入群体中去。因为内向性格的人更留心自己的内心世界，他们将注意力完全倾注于自身的思想和感情上，但并不是意味着他们对外部的世界毫不在乎，只不过比较而言，他们更在意内心的精彩。

误解六：内向的人不适合做领导者

事实上，在全世界各种领域都有性格内向的领导者，只是大众可能看不出他们的内向一面。他们其实很适合做领导，因为善于分析和决策。即使多数时候是一个人进行工作，他们也能够很好地发挥自己的长处。另外，领导岗位上的人多数时候也需要善于倾听，内向的人更能观察到容易被忽视的细节，更擅长收集信息、激励员工，也善于构想抽象的蓝图，对于决策更慎重，特别是他们在管理团队中的外向者时往往很有自己的方法。

误解七：内向者不懂得享受

内向者在家里或是在自然的怀抱中是非常放松的，但在公共场合他们就会变得拘谨起来。内向者不喜欢嘈杂的环境和刺激的体验。如果环境太吵闹的话，他们就会走得远远的。他们的大脑对于一种叫作多巴胺的神经递质非常敏感。内向者与外向者有着截然不同的神经控制通路。

误解八：内向者的情感不够丰富

虽然内向性格的言行举止从不夸张，但并不代表他们的心里没有饱满的感情。只不过他们善于控制，比较倾向于用更加细腻的方式处理和表露感情。就像很多内向的人一样能从事演艺行业，一样具备幽默的细胞，虽然他们表现出来的方式是克制的，但他们的细腻和深刻，也许更能够体现情感的真谛。

误解九：内向者要改变自己成为外向者

世界上多数人是性格内向的，而且大多数专业性人才都是内向的，这里面有科学家、音乐家、艺术家、诗人、导演、医生、数学家、作家和哲学家。这就是说，内向的人自有其成功之道，不必强迫自己成为外向者，要尊重自己的天性并对整个人类社会做出自己的贡献。事实上，人的智商高低与内向的程度成线性比例，有研究表明，越内向智商也就越高。

社会上有很多案例让我们重新认识内向的人：比如一个被很多人羡慕的人，17 岁轻松地考上清华大学物理系，22岁考取李政道奖学金赴美留学，29 岁在美国麻省理工学院获得博士学位，34 岁创办网络公司——搜狐。这个天才型的人物就是搜狐 CEO 张朝阳。他曾做过自我剖析："我是个比较沉默寡言的人，很内向。我话少的原因是我追求真实。追求真实源于对人的关注、对人的内心世界的探索，同时跟学物理有关。学物理总要探究事物的根本原因，对世界上所发生的事情都要探个究竟。"张朝阳内向而聪敏，在他身上我们看到了内向者的力量。

在这里我延伸一下，张朝阳属于 INTP（学者型，又叫工程师）人格，第一官能是内向思考。就是能把逻辑结构当成面包来吃，并且吃得津津有味的人，这是比较稀有的人群，但是比哲学家还是多一点，约占人群的 2.5%。张朝阳喜欢挑战各种不可能，在外人看来好像是挺外向的样子，实际上都是伪装出来的。[1]

所以，强行让一个性格内向的人舍弃自己的个性，被迫融入外向型的社会是不合情理的，也是不可取的错误选择。内向的人也可能会因为自己与大众之间的差异而心生憎恨。如果有谁觉得自己是一个性格内向的人，那么无须太过紧张不安。充分了解自己的性格特点，然后再和其他的内向者多做交流，充分吸取别人的长处，就能更好地把握自己的人生道路。虽然社会会给性格内向的人比较大的压力，但更为重

---

[1] 见《内向者无敌》，胡邓著，机械工业出版社 2010 年出版。

要的是，我们也要学会尊重我们自己。

第二节　"内向"，应该看重的本质

当今社会人人都羡慕各行各业的成功人士，印象之中他们往往能言善辩，面对大众能够侃侃而谈。在大多数人眼中他们应该都是性格外向的人，因此，性格外向的人似乎比内向的人更容易获得成功。

如此说来，内向性格的人就很难取得成功吗？其实只要发挥性格中的可贵品质，他们也可以光芒万丈。人们评价一个人的优秀和成功，根据的并不是他的性格，而是他们的创造力和洞察力，而这源于他们的行动能力。

在生活中，只有当你是一个人的时候，你才能真正投入到"提升练习"中，而当你积极去进行提升的时候，你会发现成功并非遥不可及。许多性格内向的人或多或少担忧过，认为自己欠缺适应周围环境的能力，深恐自己会被淘汰。在有些情形下，比如找工作、拓展业务等，一些性格外向的人确实更受欢迎。但并不是说，每一个人都必须如此才可以表现才华，才可以对社会有益。大千世界，各行各业五花八门，其实本身需要各式各样不同性格、不同作风、不同才华的人。

只不过由于现代社会强调竞争、主张新奇，以至于形成一种舆论"潮流"，使人误以为，要想在当今社会生存扎根，做出成绩，必须快速适应、立即表现、争取机会。这种错误的价值观忽略了重要的一点：生活中真正有深度、值得欣赏的功业，并不能用这种全速争取的方式去完成。

在现代生活中，人们一味地要求去竞争去表现，只以抢在别人之前为胜利，有时即使对社会造成消极影响也在所不惜。这种对"竞争"的重视，使得人人感到自己在孤军作战，而周围都是敌人。哲学意义上的"现代人"的"孤独感"，就是萨特、加缪等人的存在主义观点认为的"他人就是地狱"[1]，即先肯定了环境中的每一个人都是自己生存的死对头。在对与各种资源和利益的争抢中，一些更有手段的人成功了，而你没有抢到，所以被判定失败。这些东西实际上到底有什么意义？社会的标准认为"抢"的本身即为目的，被认为是"本事"。这种观念显然会妨碍创造具有深度与恒久价值的成绩。

事实上，性格的内向是一种不断促使自己内省的性格特色。内向的人往往有一种优美的气质，具有一种比寻常人更

---

[1] "他人即地狱"是一个著名的现代哲学论断，来自法国存在主义哲学家、文学家让·保罗·萨特1945年的戏剧《禁闭》，形象地描述了人与人之间不可避免的矛盾冲突。

有深度的思考与认知能力。而且，内向的人可能在情感表达方式上比较收敛，不那么饱满和激动，也是形成高雅风度的一种内在力量，它可以缓解人与人之间的对立冲突。

内向，是对自己内在心理的一种全面深刻的洞察，也是对外界人与事的一种细腻的感受。有时候人们会觉得内向的人对接触外界的积极性不高，但内向的人更有一种"旁观者清"的分析优势。所以，如果内向的人不被现代社会过分强调的"竞争优胜"的风尚迷惑，就会明白并不只有外向的人才会成功。这世界是多元化的，总有一些事情是内向的性格更加合适去完成，有一些工作是内向的人更加能够胜任的。与其为了虚伪的表现而去学习外向，不如尽量发挥自己那敏感深思的特长，在需要深度的工作中去努力研究。古今中外许多"不鸣则已，一鸣惊人"的故事，主人公都是不擅长立即表现的，而是通过深思熟虑，把自己长期积累的知识加以锤炼后才将才能发挥出来。而主人公的特立独行，能使其思想达到别人不能达到的深度，而且，因为观点与视角的差异，他能看到其他人看不到的问题，能说出别人不知道的事实。一旦成功，必定格外引人注目。

　　例如 20 世纪伟大的现代派文学家卡夫卡①。他出生在布拉格一个贫穷的犹太人家庭。从小的性格十分内向、懦弱，用现在的话说就是没有一点男子气概，非常敏感多愁，老是觉得周围环境都在对他产生压迫和威胁。

　　当然这的确和他的成长环境有很大关系，卡夫卡的父亲个性比较粗鲁，有时候对卡夫卡很严厉凶狠，竭力想把他培养成一个标准的男子汉，希望他具有宁折不屈、刚毅勇敢的性格。父亲的这种教育方式，不但没有起到改变卡夫卡的作用，反而令他更加懦弱自卑，并从根本上丧失了自信心，致使生活中很多小事情，如家人围坐在一起的说话声，甚至猫狗的吵闹，对卡夫卡来说都是灾难。他一直在忧郁困扰中长大，整天都在察言观色，独自躲在角落里悄悄咀嚼受到伤害的痛苦。

　　照今天的常规心理学来说，卡夫卡可能已经超出一般的内向，到了病态的焦虑阶段，他的人生注定是悲剧，即使想要改变也改变不了。然而，令人们始料未及的是，这个人后

---

① 卡夫卡（1883—1924），生活于奥匈帝国时期，出生于捷克布拉格的德语小说家。20 世纪现代派文学的重要奠基者之一，擅长刻画诡异惊悚的心理世界以影射现代社会，表达一种现实生活的扭曲和荒诞。

来却成了 20 世纪伟大的文学家之一。卡夫卡这样的性格可以说做什么都应该是没有用的，为什么还会成功呢？他极度内向、懦弱、多愁善感，从事文学创作反而能发挥和释放他的个性。在这个他为自己营造的艺术王国中，在这个精神家园里，他的懦弱、悲观、消极等弱点，反倒使他对世界、生活、人生、命运有了更尖锐、更敏感、更深刻的认识。他以自己在生活中的压抑、苦闷为题材，在作品中把荒诞的世界、扭曲的观念、变形的人格，解剖得淋漓尽致，从而给世界留下了《变形记》《城堡》《审判》等不朽的经典，奠定了 20 世纪现代派文学的重要基石。

如果我们认为卡夫卡这个文学家过于特殊，可以再看看美国历史上著名的总统林肯。林肯出生在肯塔基州一个贫苦家庭，童年时，他是一个性格腼腆、不善言谈的人。母亲去世以后，林肯虽然逐渐开始变得成熟，但性格还是很内向，脸上总带着忧郁的神情。他开始从事的是律师行业，正如我们所说，性格内向并不是不能够进行交往，林肯从事这一工作也要同各方人员接触，确实令他有一些改变。当林肯成为美国总统时，他刻意让自己习惯了美国式的幽默风趣，而且众所周知，林肯在演讲方面也独具特色。

因为林肯通过自己的职业刻意弥补了自己的不足，他不仅学会以自嘲、调侃、讲大白话等幽默方式来缓解内心的紧张，释放自身的压力，而且为众多听众营造了轻松愉悦的氛围。小到自身许多问题的发现，大到从政时期领导社会变革，都是他善于反思、深入思考的内向性格在起作用。

所以，内向性格是一种助你深耕的力量，如能妥善运用，一样能够获得巨大成就。而一个真正成功的人，除了有表现活跃的一面之外，也一定会有非常沉静凝重的一面。一个内向的人可能不喜欢讲话，但一样可以很健谈；可能不喜欢社交，但一样可以在必要的时候一展风采。

第三节 "内向"，值得欣赏的特质

内向性格具有很多值得欣赏和发扬的特质，综合归纳起来，至少有以下几方面：

1. 享受独处是自我的选择

大多数人喜欢生活中的热热闹闹，害怕一个人的孤独感，性格内向的人往往很享受独处的时光。内向的人并不害怕社交活动，不参与活动其实是他们的自主选择。

2. 善于倾听，最有同理心

内向的人一般很安静，不爱闲聊，因为懂得尊重他人，也最善于倾听，富有同理心，能够站在别人的角度考虑。在你难过的时候，一个外向的人会听你讲述然后带你去各种地方强行排遣苦闷，但这未必真能解决问题。而一个内向的人不仅能倾听你的难过，还能够陪你一起难过，然后会思考，真正提出有建设性的意见，帮助你渡过难关。

3. 很专注，又有深度

内向的人做事也比较安静，大多喜欢读书写作，或者从事研究，一般可以独立完成工作。他们心思细腻，善于观察，经过多年的磨炼和沉淀，他们的注意力高度集中，能够习惯性的深度思考，常常可以取得或大或小的成绩。

4. 想清楚再说话，凡事有理有据

因为内向的人喜欢思考，所以无论任何交流谈话，他们都会经过深思熟虑，不会口无遮拦。其实在现代这个凡事都讲"短平快"的社会，他们拥有的应该是很稀有的品质，虽然常常被误以为是不善于表达，但是内向的人只是更加谨慎。

5. 惊人的执行力

性格内向的人并不是做事缺乏积极，只要考虑成熟，也一样会付诸行动，而且既专注又富有恒心，可以很自信地坚持自我，不需要鲜花掌声，一样能把事做得漂亮。他们不愿夸大其词，喜欢尽善尽美，只要把事做好就会很满足。

6. 敏锐的洞察力

在日常生活中，性格外向的人总是爱急着表达看法和观点，有时候，事情的原委还没弄清就开始漏洞百出地滔滔不绝，很容易让别人不舒服。而性格内向的人对待事情比较冷静，容易看到本质，所以他们更具有洞察力，遇到事情也能做出比较正确和明智的判断。

7. 做人靠谱，值得信赖

内向的人一般不爱闲谈，善于倾听，善于给别人留有余地，往往最会保守秘密，也最值得信任。了解内向者的就知道，他们不会随便评头论足，也不会四处散播谣言，所以十分靠谱。

8. 节俭但不吝啬，把钱花在有用的地方

内向的人一般喜欢安安静静，爱好深居简出，但是他们不是没有交际应酬的能力，只是有时候觉得没必要。他们在家也可以过得很精彩，不会以一些无厘头的名义去浪费金钱，他们并不是吝啬，只是希望向值得付出的人表达心意，必要的时候会积极地为家人、为朋友出力。

9. 对事有见解

在一些事情上，怎么说可能比说什么更重要。性格内向的人不是缺少话语和谈资，而是因为他们对待事情都很认真。

他们发表看法，往往会一语中的，而不会敷衍和迎合。

10. 出色的领导者，不一样的风范

大众化的看法可能会认为，那些不爱交际的性格内向的人很难去带领一个团队，领导一个公司或机构，恰恰相反，内向的人同样可以成为很优秀的领导者。事实上大多数领导者都寡言少语，性格内向，但他们知道如何尊重他人的需求，如何进行战略性的思考，如何提出有价值的建议。

11. 强大的自我认知

就像古希腊谚语所说：人最大的智慧是认识自己。当今社会信息网络化、碎片化，让很多人陷入迷惘，想不通自己为什么会成为这样的人。而很多内向的人内心坚定而强大，他们容易拨开迷雾看透事物的本质，能对自我有一个清晰的认知，知道自己真正需要的是什么，然后遵从内心的想法，为自己充电。

12. 卓越的创造力，拥有内在能量

性格内向的人其实拥有外向者无法比拟的天赋。因为心思敏锐，善于思考，在其冷静的头脑之下，蕴藏着丰富的潜能，所以好多伟大的艺术家、哲学家都是不爱社会交际的内向者。

13. 情感丰富，也懂得控制情绪

之前一再强调，内向的人心思细腻，都很敏感，但他们其实懂得克制，很少激烈地表达和发泄，很多激烈的情绪不太写在脸上，在交往之中会给对方留有余地。他们心中会有五味杂陈，大喜大悲，但坚强的内心能够让他们看起来波澜不惊。

14. 深度人际，交心挚友

内向的人身边的朋友不多，但他们只要一交朋友就会把对方当成一辈子的挚友看待。他们很看重朋友的质量，从不交酒肉朋友，要交就要交心。所以，往往这些内向的人交往的人都能在关键时刻为其助力，因为他们的关系"够硬"，经得起考验。

所以，假如你是一个内向的人，为什么要刻意改变以去迎合与自己本性截然不同的价值标准呢？就像俗话说的，凡事都不是绝对的，上帝如果给你关上了一道门，一定也会为你打开一扇窗。我们需要正确看待个人的长处和短处，扬长避短。

就像一个寓言故事所说的，一个国王想要考验囚犯的头脑，释放里面真正聪明的人，他对关押的一群囚犯说："你们中间谁能从这间牢房里，轻松自如地走出来，我就赦免他的

死罪，还会赏给他良田和金钱，让他有机会重新开始生活。"
那些囚犯都觉得国王在开玩笑，因为牢房被锁着，十分坚固，
要走出去明显是不可能的事情。过了一会儿，一个平时不爱
说话的囚犯站起来靠近牢门，观察片刻，他抓住锁门的铁链
轻轻一拉，门一下就被打开了。原来牢门外面的铁链只是挂
着，并没有真的锁上，只要你有勇气伸手去拉开铁链，牢门
自然就会打开。

　　这个故事说明，事物的外表都具有欺骗性，世俗的眼光
和舆论容易让人迷惑，性格内向者却具备看透本质的能力，
根本没有必要庸人自扰。

PART2
内向，在狭缝中爆发力量

第一章
悲伤之河——内向者的暗伤

性格的内向与外向，我们应该客观看待。之前的章节也分析过，不论内向与外向，都各自具备长处和短处，同样具备优势和劣势。

那么内向的人，应该如何应对自己的劣势？

第一节 害怕，心中有个小小孩

性格内向的人心思敏感，很容易受到外部的刺激，一旦觉得"刺激太多"，他们就会心理不适、惶恐不安，站也不是，坐也不是。所以他们往往会限制自己的社会交往，以免被弄得精疲力竭。

　　例如一家公司召开一个项目会议，大家集中讨论一个方案，需要人人都发言，集思广益。可如果一个内向的人被强行拉来这种场合就会压力很大，在众目睽睽之下发言时他可能会不知所措、吞吞吐吐，最后也无法将自己的意见表达清楚。

　　心理学家通常会为这类失败提供三种解释。第一种解释为社会性惰化：在一个小组中，有的人会对所有的工作袖手旁观，把所有的工作都丢给队友。第二种解释为产生式阻碍：小组中只有一位成员在滔滔不绝或者能迅速产生一种想法，而其他的小组成员则处于被动听取的位置。第三种解释则为评价焦虑：对在同伴面前出丑的恐惧。性格内向的人在之前案例中就是第二和第三种的结合表现。[1]

　　在许多人眼中，性格内向的人可能是不善言辞、过于安静的，在开口讲话时也特别注意他人的反应，仿佛他们在社交方面缺乏自信心，害怕交往并自我封闭。而且很多人从小到大一直如此，对外界环境总是充满各种担忧和恐惧。

　　在青少年时期，一些性格内向的人的生活范围只限于学

---

[1]《社会心理学》，美国阿伦森著，侯玉波翻译，中国轻工业出版社 2005 年出版。

校及家庭，成长在比较封闭的环境里，因而更加强化了他们的内向性格，让他们对于接触外界越发敏感害怕，就像儿童故事里面的小老鼠一样。

很多人童年时应该都看过著名的动画片《猫和老鼠》，主人公小老鼠杰瑞是很多人都喜爱的角色，和大猫汤姆斗智斗勇，常常处于上风。但现实中的内向者和下面故事里的小老鼠更相似，也并没有杰瑞那么乐观。

有一个小老鼠很有自知之明，觉得自己太渺小了，就很希望找到最大最强的东西跟自己做伴。但在城里城外逛了一大圈，它都没有找到满意的小伙伴。到底什么才是最大的呢？小老鼠到处打量，仰头一看，忽然意识到最大的东西当然是无边无际的天空了。小老鼠就问上天："天啊，你那么大，应该什么都不怕，我却这么渺小，你能给我勇气吗？"

天却告诉它说："哪里啊，我也有害怕的东西，我怕云朵。因为云朵一旦出来就会遮天蔽日。"小老鼠听了觉得有道理，天都怕云，云自然更了不起，于是就去找云朵说："你能遮天蔽日，应该是天地之间最强大的吧？"云朵说："怎么会！我最怕风了。我好不容易才把天遮住，当风一吹来，云开雾散，我就会被吹跑了呀！"小老鼠又去找风说："风啊，天上万物都抵挡不住你，这世上应该没有你害怕的东西了吧？"风说：

"我也有怕的啊，我怕墙。天上的云朵我能吹散，但是地上有堵墙我就吹不过去了，所以墙比我厉害。"小老鼠就回城去找墙，说："你连风都挡得住，你是不是天下最强大的东西呀？"墙却说了一句令小老鼠非常惊诧的话，墙说："开什么玩笑，我最怕的就是你们老鼠啊，因为老鼠会在我的根基上咬出很多墙洞，还住在我的下面，有时候，我还会因为你们老鼠的洞而轰然倒塌哩！"这个时候，小老鼠恍然大悟：原来这个世界上最了不起的就是自己。

当然，任何人的成长都是这样，现实里很多事物都会让人感到害怕和恐惧，起初谁都想依赖强者，但真正可以依赖的只有自己。并且，人在精神上和心理上也会存在自我保护意识。有些人受过欺骗，就不太容易再次相信别人，正常情况下人的精神的自我保护都处在一个平均值上，而性格内向者的自我保护意识会更强一点。

自我保护意识强，可以让自己的内心免受外界伤害。但是如果自我保护意识过强，却会对感情生活不利，封闭自己的内心，你不会受到伤害，但是也得不到相应的疼爱。自我保护意识太强的人，较明显的缺点就是：猜忌多疑，不会轻易相信别人，患得患失，不喜欢和别人合作，总觉得周围的人都在注视自己或者讨论自己。

　　内向程度较深的人，内心时常会感到焦虑恐惧，针对这种情况有必要做出一些调整，例如在同人谈话方面，可以尝试几个改善的方法：

　　（1）对于聊天时经常提到的话题预先准备答案，反复熟悉。和身边的亲戚、朋友或者同学、同事进行交流对话，逐步练习，可以直接把事先准备的一些问题和回答背出来，虽然显得很生硬，但至少能够保证对话相对顺利，让你慢慢建立起初步的信心。

　　（2）搜集一些有趣的话题在交谈场合备用。网上有幽默、时尚、热点、旅游、影视娱乐、美食购物等五花八门的话题，根据交往对象提前做一些功课，积累越多，越不容易冷场，而且越是轻松的和工作业务无关的话题，越能让紧张的交流氛围变得轻松。

　　（3）对话时多关注对方的内容。在和人交流的过程中，内向的人都会细心留意对方，而不是急于回应和表达，只要对方讲得越多，就有越多的时间来思考。因为很多内向的人害怕和陌生人说话，往往都是怕自己说错话招来别人的不喜欢。那么，就应该发挥这一特点，尽量让别人多表达，可以用偶尔提问作为继续话题的方式，这样非但不会给别人留下糟糕的印象，反而会使对方觉得自己遇到了一个很好的聆听者。

（4）带着明确目的进入对话。比如和陌生人对话，你可能会为自己设定一个目标，即全面了解这个人。那么在对话过程中，你的所有心思就全部放在了解这个人上面，不要担心其他问题，也不要说其他不相关的话。不要觉得对话有目的性是不好的，换位思考下，你会喜欢和一个跟你漫无目的瞎聊的人花太多时间吗？

第二节　蝴蝶振翅便能扇动心里的飓风

我们知道，性格内向的人喜欢独立思考问题，他们经常高度集中注意力，从事富有创造性的工作。但是，他们因为心思敏感，容易受到外界的刺激，尽管有时候外表看上去没什么异样。

内向的人大多对声音非常敏感，如果周围环境太吵闹，他们就会无法集中精力，心情烦躁。内向的人大多不愿多说话，不愿接触陌生环境，不愿涉及与自己无关的话题，不愿主动参与那些无意义的社交活动。

如果一个人要适应社会，就要顺应周围各类环境，有时还不得不去面对现实中的种种无奈。无论日常生活还是工作职场，总有很多情况需要人们硬着头皮去适应。内向者会遇到一些人、一些事，听到很多言论，经历很多场合……接受的外部刺激越多，心灵的起伏波澜就会越大，他们会很容易产生压抑郁闷的情绪，并且随时都会爆发出来，严重的可能会身心崩溃。

我有一个朋友小谭，很多认识他的人和我聊起他，都说他在处理同学、朋友关系时让人感觉难以相处。我知道他性格内向，情感深沉。在大学毕业时，他曾进了一家单位，却在无意之中得罪了一些人，可他自己却完全没有意识到，依旧守在自己的世界里。其实他心里有强烈的交往需要，很渴望与同事、同学、朋友融洽地相处，只是缺乏主动性，总等着别人亲近自己，在感情上包容、接纳自己。

尤其是在面对女生的时候他会感到更加不自在。小谭的单位女同事不少，但他性格过于沉闷，同女生聊天找不到话题，工作上面的接触又很少，所以就没有多少别的交流机会了。中午吃饭时，他要么一个人，要么和几个男同事结伴，偶尔免不了会有女同事跟大家一起，这时他便会紧张不安，害怕开口，担心惹出笑话，露出窘态，引人嘲笑和轻视。

小谭很长一段时间都在为这种情况感到无奈、失望……刚开始他还是很想与人正常交往的，但真正与别人接触时他却不敢开口，甚至紧张脸红。慢慢地，他竟然变得害怕与人交往，并逐渐产生了焦虑、孤独的情绪，不敢面对挫折，只想逃避现实，觉得只有躲在没人的地方才安全。小谭就是由于自我意识过于敏感而在接触外界时产生了紧张和恐惧的心理。在和他人的接触中，他过分地在意对方的看法，以致情绪过度紧张，使交流陷入尴尬的局面。

客观来说，像小谭这样性格内向，由于对外接触时受过巨大刺激，因而变得封闭自我，或者社交恐惧的情况，是过度自我保护意识导致的。其实原本这种保护机制是人类的一种原始本能，在受到刺激（遇到各种危险）的时候，优先选择自保，退缩逃跑，可以将自身的伤害降到最低。就像遇到灾难危机，你会撒腿就跑，等你反应过来，你已经跑了几条街了。

这些人因为情绪反应过度，而使大脑受到刺激，一旦在极端压抑和不舒服的环境中，就会表现出各种不安的征兆。好比在会议上被强迫着快速做出决定时，他就会应激性地语速加快或者产生各种肢体动作，诸如紧张地敲手或脚，不耐烦地看表等。像小谭这样和单位女性同事一起吃饭，就会感到紧张和疲惫的情况，也使得朋友、同事之间的相聚变得不舒适。因此，这一类内向者在对待社交场合时总会很排斥，一般会避免参加社交活动。

内向者受到外部环境刺激的下意识反应就是逃避，本来可能只是比较寻常的一次社交失败，但长久地避免与陌生人接触交往，会让人只习惯于躲在自己的"舒适区"，无法走出困境。

当然，如果自己有比较严重的性格问题，绝大多数内向的人都会心知肚明，也会想办法做出积极的改变。很多人很不喜欢自己有这种缺点，这是可以理解的，但这种自我厌弃的心理也同样是一种负面情绪，只会产生更大的心理压力。其实，心理学家建议，勇敢面对自我首先应该从接受自己的身体开始，不论是好的还是不好的，然后再尝试改变。

比如说，我感到自己的身体体重超标了，就可以通过进食低脂肪、低热量食物，通过坚持锻炼身体来改变。但对于一些不能改变的特征，如自己的相貌、身高、音色，就要坦然接受，不能强求改变，否则容易陷入偏执的境地。

当然，几乎每一个人都希望自己拥有健康理想的性格，那么，向别人开放自己的内心是最好的办法。一般来说，为了不与外界发生冲突，大多数性格内向的人都比较压抑自己，尽量减少自己同外界的接触，所以，即使遇到刺激，他们也会强制性地回避问题。其实，过度压抑自己就会产生身心障碍。心理学家杰拉德·西蒙就强调，即使在社会生活中频频压抑自己的人，至少也要有一处可以倾诉、发泄胸中的郁闷和不满情绪的地方，这是拥有健康性格的必要条件之一。[①]

那么，内向的人如何开放自己的内心呢？这可以尝试从低目标开始，然后再循序渐进。人与人之间的交往，若一方抱着很高的期望，另一方却敬而远之，两人便无法顺利沟通。性格内向的人一般都会精心挑选谈得来的朋友，但大多数人无法都成为知己，所以，有些人注定只是泛泛之交。如果过于敏感和期望过高，一旦对方有什么不对劲，就会引得内心情绪激动，这是没有必要的，要把要求降低，把期待值降低，和他人慢慢接触。

敞开自己的心固然是发展朋友关系的基本条件，然而，一见面或在公众场合十分热情，叽叽喳喳吐露自己内心的各种情绪，也会令别人感到奇怪，效果会适得其反。所以，交往沟通只有适度，才能避免受到一些无谓的刺激，这也有利于培养健康的性格。

[①] 杰拉德·西蒙博士，美国资深心理学家，曾任教于美国佩伯代因大学心理学系，加州大学伯克利分校哲学博士。

第三节　一句话要想千千万万遍

现实生活中，性格内向的人多多少少都有一些关系不错的朋友，他们也会深入地聊天，但总的来说，内向的人言语不多。他们在一些感兴趣的话题上能谈得比较深入，但仍旧会经常进行深度思考，这就使得聊天难以顺畅进行，或者说他们要比别人多花一些的时间才能接上话，气氛和节奏往往有点不自然。

从心理学上这叫"警觉注意力"（alert attention），属于注意力的一个层面。在这样一种心理状态下，他们在做决定之前一定会比其他人考虑得更久。他们似乎觉得——有时是有意的，有时是无意的——观察越深入，自己获取的信息量就越大。

（一）即使聊天也会"算无遗策"

有时候，性格内向的人会根据一个不同的回答策略，考虑每一种回答在不同的时间会取得的不同效果，这种感觉好像是在进行一种害怕失误、害怕引起冲突的反复权衡。所以，内向的人往往经过深思熟虑才会说出自己的看法或者观点，总希望自己的话既深刻又周全。

事实上，世界上很多成功而优秀的内向者，确实在演讲或发言上都无可挑剔，不管是政治家还是企业家，都有这方面的人物代表。当然，也有曾经不那么成功的例子，例如获得奥斯卡奖的影片《国王的演讲》中所演绎的真实故事。

英国国王乔治六世从小患有口吃，自然不擅长讲话，性格也因此很内向，其实这不是指他不能够同人接触。身处王室，各种社交礼仪场合非常多，只不过他因为有语言上的困难，对这些比较排斥，也从来没有想过有朝一日能当国王。因为他有一个英俊非常、谈吐优雅的大哥。结果大哥生性风流，和寡妇有染，闹出巨大的风波，令老国王乔治五世很失望，最终选择了这个既有性格问题，又确实有先天障碍的乔治六世。

电影很真实地反映了他的心理变化，由于战争的来临，他继承了王位，必须要对国民和全世界表明国家的立场，鼓舞民众。这对性格内向和不爱讲话的人来说是难以承受的压力，他第一次面对公众说话时，就因为过于在意自己的口吃，所以紧张之下竟然一度失语。

幸运的是，乔治六世遇到了一个语言治疗师，也是一个很出色的心理专家。他先让乔治六世头脑放松，舒缓心情，然后敞开内心，尝试表达。在一系列接触中，这个专家发现了国王的秘密，音乐可以缓解他的心理障碍，让他做出正常的朗诵。最终，在心理专家的帮助下，国王顺利地完成了战前的一次重要讲话。

对于生活中大多数的普通人来说，不论性格内向还是外向，都难免会在公众场合说话时产生恐惧情绪，变得紧张无措。其实，有一些人并不是真的害怕讲话，而是需要反复思考该怎么说和说什么，所以才会显得说话不顺畅，让人感觉他们是害怕当众讲话，甚至会感觉他们难当大任。误会不消除，就会造成恶性循环，让内向者失去更多表现自我的机会。

（二）内向者如何说话更顺畅

我们认为，性格内向的人如果确实从事着公众事务，或者身居公司企业高层，有条件可以通过参加辩论社或公众演讲活动，做集体活动的主持人或者课程讲师等方式来提高语言表达能力。

对于普通人而言，虽然不一定需要改变说话习惯和方式，但只要下定决心并持之以恒，一样能够做到更好。因为不论是什么性格的人，我们自身的可塑性都比我们想象的要大很多。假如希望和别人交谈顺畅，或者讲话能力提高，可以从几个细节入手尝试练习：

第一，换位思考。对于任何话题，以及相关的事，不要都从自我出发、认为我想怎样，而要设身处地地进行考虑，客观公允地论述。当然，也不用面面俱到，想得太多，否则容易破坏交谈节奏，造成冷场。

第二，不卑不亢。性格内向的人最在意对方对自己各方面的看法，而且对当面的或公开的评判意见更为在意。当然只要做到立论公平客观，就不需要顾虑太多，害怕别人误解或批评，怕被说不好，带着自卑的心态更没有必要。

第三，注意自省。如果是针对别人提出的一些观点，自己有不同意见，别急着反驳和责怪对方，先问问自己的看法是不是公允无误，在同别人交涉前应将自己的观点再在脑海中过一遍。一方面可以发现自己观点的缺漏，及时弥补，另一方面如果发现自己是错的对方是正确的，也可以避免同别人发生矛盾。

第四，尝试先和少数人沟通。如果在人多的聚会上开口感觉不适，可以尝试先找少数几个人进行沟通，慢慢尝试交流，选择个人比较擅长的话题，逐步锻炼，提升交谈的能力。

第五，尽量找寻共同话题。一般内向者刚开始与陌生的人接触时，不会喜欢和陌生人过多地谈论自己，那么可以和对方找一个双方都感兴趣的话题，可以是工作或学业，也可以是你们都喜欢的明星，或者是最近的某个热点新闻。由于内向者往往对外界敏感而开放，擅于倾听和捕捉细节、在短时间内了解别人，因此，找到共同的话题对他们来说不会很难。

总的来说，性格内向的人有可能因为某些原因受到刺激，会对在人前讲话比较恐惧，但也有一些人是因为想得太多，顾虑该怎么说和说什么才造成讲话不顺畅，这种情况是可以通过方法练习改善提高的。尽管同属于性格内向，人和人的情况也并不完全一样，要积极地去寻求方法，而不是坐等上帝给你送一些让你满意的朋友来。

第四节 否定世界之前早已无数次否定自己

有不少性格内向的人很容易缺少自信，内心敏感多疑，很多时候因为别人的某个看法，甚至一个意义不明的眼神就可以否定自己。这一因为不自信而时常否定自己的心理，是最糟糕的特质之一。

虽然大多数内向的人都喜欢独处，但各自的原因却不完全一样。有一些人是属于清高自傲而不愿意与寻常的人交往的；也有些人有自卑心理，因为受过刺激或社交挫折，而变得缺乏积极开展交往活动的勇气，总以为别人瞧不起自己，以至于孤僻内向。

（一）自卑造就的不自信

奥地利心理学家阿尔弗雷德·阿德勒认为，自卑指以一个人认为自己或自己的环境不如别人的自卑观念为核心的潜意识欲望、情感所组成的一种复杂心理；其次，自卑指一个人由于不能或不愿进行奋斗而形成的文饰作用。[1] 显然，因自卑而造成的不自信，既不适应现代社会生活的需要，也会对事业的成功带来一定阻力，还会使人在心理上缺乏安全感和归属感，形成退缩和孤独的心理障碍，妨碍身心健康。

客观来说，不自信的表现也是内向性格的一种外化形式，也是内向性格的构成要素之一。换句话说，他们对自己内向性格的否定，实质上是对自我的否定。因为，性格健康的人

---

[1] 见《自卑与超越》，阿尔弗雷德·阿德勒著，李青霞译，沈阳出版社 2012 出版。

往往能够体会到自己存在的价值，他们了解自我，有自知之明，乐于接受自己。而不自信的人总是对自己各方面都不满意，可能他们内心追求的梦想不符合自身情况，主观和客观的距离相差太远，因此只能自怨自艾。

举一个可能多数人都有所感的例子。我们或许都知道，学习方面的不自信是青少年时期自卑心理主要的原因之一。一旦考试成绩不理想，排名下滑，就容易产生焦虑、自卑的心理，甚至会和同学、老师疏远。假如之后成绩追不上来，就会越发孤僻、嫉妒、多疑，负面情绪不断增加，做什么都容易否定自己，各方面都容易失败。总结来说，这样的人长大以后可能会无法顺利地融入集体生活，他们会给人消极无能的印象，这实际上就是不自信带来的结果。

（二）内向的人为什么会不自信？

一个人性格的形成，与他的家庭环境及他本人在社会中的种种遭遇，有很大的关系。在与他人的频繁接触中，不被人理解，经常遭受挫折与打击，就极容易对他人产生不信任或者敌视的心理。因为不自信的形成也是多方面的，通过对症下药，才能更好地改善。

1. 家庭问题。比如许多出身农村的父母，他们很希望自己的孩子将来做一个有文化的人，所以对孩子学习方面的管教非常古板和严厉。一旦孩子贪玩，他们就只会严厉地批评，甚至连孩子和朋友交往都要约束和过问。青少年时期的活动受到父母的严格约束，不能自由地做自己想做的事，那么长大以后，面对很多挑战，孩子就会因为自己从来没做过，习惯性地认为自己肯定不行，不敢去尝试，很怕做不好。

2. 阅历不丰富，不够自信。因为内向的人在当众讲话时，面对着那么多双眼睛和耳朵，会十分害怕出错，还会质疑自己的实力不够，觉得自己的说话水平不行。这种情况也属于因不自信而否定自己。

有一些人为了克服不自信，会通过种种方式去改变，去努力接近目标，那么应该如何做呢？为此，你可以回想一些成功的经历，用过去的骄傲支撑现在的行动，让自己变得自信起来。也可以制定一些短期小目标，比如说实现一次野外徒步，坚持减肥，一年读多少本书等，每当做成一件小事都给自己一些奖励，在小目标的成功激励下，慢慢建立起自信心，然后就能毫无畏惧地去接受更大的挑战。

从另外一个角度来说，自信地应对任何事情是人人都梦想的，但这是个坎实的。一个硬币有两面，盲目自信不可取。

自信和不自信有时只在一念之间，关键在于有自知之明，心中要清楚哪些工作是自己可以胜任的，哪些事情是再怎么努力自己也做不好的。性格内向的人一般很尊重别人的意愿，但同时要意识到自己的意愿一样也很重要。在意别人的评价，是因为有时候自己无法正确地评价自己，无法平衡现实与理想的差距。但是不能让别人的评价去决定自己的前进方向，最重要的还是自己对自己的认识。

难道一定要去迎合别人的眼里的"自己"吗？背负长久的思想负担，拖着疲惫不堪的心灵，毫不快乐地付出努力，只为了世俗的眼光，真的值得吗？

每个人的经历都是独特的，因此这个世界才会充满千变万化。人们唯有亲身经历才会发现自身的不足，才能不断地修正努力的方向，最终收获一个充实的人生。年轻人拥有大把的时间和机会，只要有勇气，完全可以去尝试、去犯错，不是模仿别人，而是塑造自己。

第五节　逃避可耻但难以拒绝

内向的人一般不善于主动与人交往，也不太会表达。而且他们心思敏感，情绪多变，对人际交往比较恐惧，很抗拒和外界接触，遇事容易逃避。

逃避心理的行为表现也是多样的：有的人喜欢安静独处，追求简单的生活；有的人害怕烦琐的事项，遇上工作任务能躲就躲；有的人虽然容易情绪波动，但却不对外显露，如果不能很好地纾解，往往会给自己造成"内伤"。

（一）逃避冲突，逃避交际

内向的人有时面对生活和工作中的小麻烦会下意识地逃避。比如，邻居老是把生活垃圾放门口不及时处理，而你遇到了就好心提醒，对方却怒气冲冲认为你多事。如果你认为"惹不起，躲得起"，便就此放弃继续沟通，那么问题将永远得不到解决。你不想同对方争吵，但你这次退缩了，下次就很难有勇气再开口。而这种逃避行为，使问题被搁置了，你面对着门口的垃圾，只会倍加困扰。

内向性格从来都不喜欢冲突，但情绪积压在心里只会让自己不愉快。这次事件引发的情绪，在下次某个相似的场景出现时，还会继续影响你。为了避免烦恼，性格内向的人选择逃避，但是烦恼却会自己找上门来让人避之不及。逃避只是暂时绕开眼前的麻烦，但这个麻烦会埋在心里成为一颗情绪上的"定时炸弹"，一旦积累到一定程度，就会像决堤的洪水一样爆发，最终让人心理崩溃。所以，内向的人在面对冲突的时候，不要把逃避当成一劳永逸的化解方式。

我的一个朋友小冯，在一个杂志社做编辑，他平时走在路上总是低着头，上班下班都走得很快，好像是不希望别人看到他和他打招呼，因为那样会让他无所适从。当别人主动找他聊天时，他会两手出汗，声音颤抖，不敢看着别人的眼睛说话。身边的朋友都以为他慢热高冷，不好相处。

在生活中，很多性格内向的人多多少少都有这种特点。他们不敢和别人聊天，聊天时眼睛不敢看着对方，不喜欢社交场合，喜欢一个人待在安静的地方。如果长时间留在人多的公开场合，他们就会感到紧张焦虑，甚至额头冒汗，只有当他们回到自己比较熟悉的地方时，例如回到自己的小区、看到亲朋好友，才会有安全感。

（二）调整喜欢逃避的心态

内向的人多数不喜欢社交，他们有与人交往的能力，但会尽力躲避一些不喜欢的社交场合。和社交焦虑的情形不同，内向的人只是逃避一些特定场合。比如一个公司职员，某一次在会议上解释项目计划书，一时紧张导致发挥失误，而遭到同事们议论，遭到上级质疑，这种尴尬就会形成不好的记忆印刻在脑子中。之后每每公司开会，他都会感到焦虑不安，都忍不住想要逃离。

很多时候，内向的人也知道这种刻意逃避的方式不好，却没法改变。

如果要改变这种喜欢逃避的心态，应该踏实心境，如果工作上、生活上需要面对和解决一些问题，不应顾忌自己不好的一面被人知道，无须故意掩饰自己的态度。和前面的一些情况类似，可以先从比较熟悉的事情做起。

如果不敢在公开场合当着许多人的面发言，其实可以先进行私下练习，并寻找关系亲近的家人或朋友来帮助自己观察和纠正问题。先在舒适圈中进行练习，等到技巧熟练了，再尝试突破安全区，渐渐熟悉如何在更大的陌生的场合发言。不用太过顾及别人怎么看怎么想，只要事先做好准备，就可以义无反顾地迈开步子；也不用事事苛求完美，要明白人无完人，只要认真对待工作，尽力完善方案，在自己的能力范围内，将事情做到不留瑕疵，就自会迎来成功之神的眷顾。所以，有些困难是无须刻意回避的，只要做好周密的准备和灵活变通的计划，别人就无可指摘。

　　面对别人对自己提出的一些批评，其实可以换一个角度看，既然愿意当面提出看法和意见，就代表了人家愿意跟你建立关系、愿意接纳你，这可能是对方希望你获得进一步提升的积极建议，并不是意味着你不优秀。对于某些批评或者争论，你可以从中吸取有用的观点和思路进行思考消化，不要总把这当成刻意的针对。

　　凡事都有两面性，一味逃避并不是最好的办法。如果在生活、工作中只想着避免麻烦，生怕自己落下失败的阴影，生怕别人对自己产生各种负面的印象，那么实际上自己还是会困在各种难以平复的焦虑不安中。事实上，除非远离人烟，不在社会中生存，否则任何人都不可能完全逃避掉人际交往，因为现实社会中，从生活中的柴米油盐、家长里短到工作中的各种烦琐事务，谁也不能避开与人打交道。

　　内向性格的人不应该把生活和工作中必要的交际看作某种强迫，虽然性格内向的人渴望过自我满足的、舒适安静的生活，但就像哲学上说的，世界上只有相对的自由，而没有绝对的自由。内向也是相对而言，如果不注重心理和情绪的自我调节，就容易产生严重的社交焦虑症，造成生活和工作的负担。偶尔的累、焦虑、有压力、不自由是正常的，毕竟谁都不能永远处于自己的心理舒适区，所以，应该适时地调整和处理好自己的心态，不应该把逃避当成唯一的方式。

第六节　害怕矛盾，针锋相对是种酷刑

人们对自己的处事方式感到矛盾也是正常的心理。但是，性格内向的人对自我表现的矛盾心理异常敏感，常常为此感到焦虑和不安。

自我的矛盾心理是一种情绪化的表现。由于人脑的边缘系统引发情绪，但认知处理、理智决定是在大脑皮层发生的，情绪化往往是下意识的一阵反应，过上一会儿就能恢复理智，认识到自己刚刚并没有必要去生气。尽管这种表现几乎人人都会遇到，但由于内向性格的人心思敏感，事后会更容易为这种不理智的行为感到自责。而内向者情感不爱外露，所以这种矛盾心理难以排解，会在他们心里积聚成更大的郁闷。

比较内向沉默的人，通常在公司聚餐或同学聚会等场合寡言少语。有的人并不是因为惧怕发言，只是出于长久的习惯，不知如何开口；有的人是觉得自己不太会找共同话题，即使说了也不会有多少人理解和响应；有的人鼓起勇气开口后，一看大家都不感兴趣，便很快觉得后悔，下次只会选择默默聆听。

所以，即使同是性格内向的人，也会因为不同的原因而产生矛盾心理。有些人看起来不喜欢说话、害羞拘谨，但他们可能并不是表面看上去的样子。实际上，内向的人之所以表现得安静沉默和不善言辞，很大程度是因为没有遇上对的知音。

内向的人也会有倾诉的欲望，他们一旦开口，就会把内心最真的情感表达出来，而不是肤浅表面的闲聊。假如把心里话讲出来后，却得到朋友敷衍的态度，那么自己会很容易后悔吐露心声。有时对父母倾诉学习或工作中遇到的烦恼，他们也许会不以为意，甚至还觉得是你想太多，这时候自己也会产生"早知道就不说"的矛盾心情。这种交流的不顺畅，往往会让内向者做出对自己行为的否定，自我否定也是自我矛盾的一种表现，而且会使内向的人变得越来越沉默，不再愿意和周围的人多说话。

好比自己刚产生念头：我应该外出多走动，多交朋友。

很快潜意识就会不乐意：好麻烦，算了不想去。

纠结一阵子又说：你应该出去接触别人，这样做对自己有好处。

潜意识跟着又反对：不想给自己找麻烦，太痛苦，不想去。

这种矛盾的心理在内向的人群中非常普遍，除非找到正确的方法去改善，否则很容易滑向比较极端的境地，酿成悲剧。

例如日本非常著名的文学家川端康成[①]，一生留下非常多的杰出作品，文笔细腻而敏感，深刻反映了人世间的冷暖，塑造了一系列美丽而悲哀的故事。这种极端矛盾的情感包含了日本的美学观和世界观，也展现了他丰富的内心世界。其中描绘的少女的美丽和感情体现了积极的一面，像《伊豆的舞女》《雪国》《古都》《千纸鹤》《身为女人》等，无不令人惊叹于作家对美的细致观察力，这是一个内向性格的人在文学天赋上的典型特征。但是另一方面，川端康成却带着深深的忧郁，带着人生的种种遗憾和命运的残缺不幸，走上了绝路。

一个很内向的人，在积极的时候可能不认为自己有多内向，他会主动敞开内心，也愿意谈笑风生，可一旦遇到变故，他的心理就会变化，变得和之前完全相反。内向的人注重自我和内在精神世界，本来就不喜欢与人打交道，也不愿轻易

[①] 川端康成，日本现代文学巨匠，20世纪新感觉派代表作家。1968年以《雪国》《古都》《千只鹤》三部代表作获得诺贝尔文学奖。

地向别人吐露心事，认为没有人了解自己。可如果这时有一个人真心地关怀他，耐心地开解他，一旦获得他的认可，那么就会被他当成无比珍视的朋友。可以说是反反复复，不断在呈现矛盾感。性格内向的人对于这种自我矛盾该如何看待？

可以说，这种情绪化表现有一些是源自内向的人心底隐藏着的自卑感，但这不绝对，也有的人并非是出于自卑。例如像川端康成这种拿下国际文学大奖的天之骄子，他也同样无法排解内心的情绪，以至于最后走向了悲剧的结局。因为他们心思比较敏感，容易受到旁人难以觉察的细节的刺激或伤害，而且特别注重内在精神世界，对外部环境缺乏信任，不愿意吐露心声，所以心中郁结的情绪就会越积越多。事实上川端康成本身也有比较知心的朋友，像他对三岛由纪夫①这样优秀的后辈作家就非常器重和欣赏，然而三岛也是性格内向的人。

这一类内向的人往往是理想主义者，思想感情比较有深

---

① 三岛由纪夫原名平冈公威，出生于日本东京，毕业于东京帝国大学（今东京大学）。1946 年，经川端康成推荐在《人间》杂志上发表小说《烟草》登上文坛。主要作品有《金阁寺》《鹿鸣馆》《丰饶之海》等。

度，这种人对生命的痛苦和幸福有更深刻的体会。他们不一定是害怕交际，只是懒得迎合社会规则，相比之下，他们注重自我和内在精神世界多于外在环境，所以在接触外界时往往会呈现出很矛盾的姿态。

许多时候想让自己变得外向，害怕却渴望与众人交流的人其实是假内向。内向的人有时会觉得，也许在这个注重人际关系的社会里自己注定要吃亏，但内心不想改变自己的处事方式，有原则的人并没有过失。

之所以会出现矛盾心理，其实很多时候是因为人们过于勉强自己，对自己的否定和怀疑过多会造成身心压力，当精力在不知不觉中消耗完了，抑郁就会显露而出把人们搞得崩溃。总的来说，有几点需要注意。

第一，我们每个人都不可能完全拒绝和外界接触，也没有必要为一时的郁闷或苦恼，否定正常的接触。

第二，如果性格内向的人在一些工作事务或生活压力上确实难以负荷，可以适当回避说"不"，千万别因旁人的眼光而感到害羞和不好意思。这是调节情绪和精神的方式，就像俗话说的"退一步海阔天空"。

第三，应该控制好自己反复的情绪，有的人在外为了面子，强行压抑，回到家里却对家人释放情绪，这是一种负面的处理方式。

第七节　适应新环境是个大挑战

海德格尔心中理想的生活是"诗意的栖居"。人这一生从小到大，会经历很多，从家庭到社会，从故乡到他乡，甚至从东方跨越到西方，生活的环境是截然不同，那么就会不得不转变角色，同外界建立关系。

但是，性格内向的人对于新环境的适应往往很困难，可以说是一个艰巨的挑战。

美国作家丹尼斯·布莱恩①写的《爱因斯坦全传》一书中，谈到 19 世纪后期德国的学校教育对爱因斯坦来说是何等的艰难。"他很安静且孤僻——是个旁观者。"因为不能通过死记硬背的方式来学习以及常常表现出怪异的行为，他竟然被认为是"智力迟钝"。他从来不会像其他同学一样对问题给出一个敏捷漂亮的回答，而总是犹犹豫豫、吞吞吐吐。事实上，如果他仍然待在德国的学校，他可能永远也不会成为显赫的

---

①丹尼斯·布莱恩，美国著名传记作家，著有《爱因斯坦传》《普利策传》《天才谈话录：和诺贝尔科技奖得主及其他著名人士的谈话》《知情者心目中的海明威》等作品。

物理学家。幸运的是，他后来跟着家人移居到了意大利。爱因斯坦的妹妹玛娅对他在仅仅六个月内就出现的巨大变化感到震惊："神经质的、退缩的梦想家变成了可爱友善、具有尖刻的幽默感的、好交际的年轻人。是因为意大利的空气、热心的人们，还是他从苦难中的脱逃？"她觉得有点不可思议。

爱因斯坦后来在瑞士上中学时，最初非常担心那里会有像德国一样的令人窒息的环境。但是"阿尔伯特（爱因斯坦的名字）非常喜欢那里宽松的环境。在那里，老师与学生自由地讨论有争议的话题，甚至是政治方面的话题——这在德国的中学是难以想象的——并鼓励他们自己设计并操作自己的化学实验，也很少会有什么事故发生"。爱因斯坦在他的生命后期说道："不是我是如何的聪明，而是我思考问题的时间更多一些而已。"①

爱因斯坦是内向性格非常典型的著名人物。性格内向的人会对许多生活中的细节变化敏感而多虑，环境是影响生活、学习、工作等问题的重大因素。对一些内向到表现出了社交焦虑的人来说，即使是环境的细微改变也会使他们恐惧。他

---

① 见《爱因斯坦全传》，丹尼斯·布莱恩著，高等教育出版社 2008 年出版。

们对环境方面的紧张表现出了明显的心理问题：

第一，一些人性格内向源于内心自卑，他们认为自己缺乏勇气尝试新事物，对自身认知评价偏低，所以害怕变化，害怕接触新事物。他们习惯了待在自己的舒适区，变换一个新环境，或者把自己暴露在陌生大众的视野里，会让他们无法接受，他们害怕别人审视的目光，害怕他们发现自己的种种不足。与其说内向的人害怕尝试新环境，害怕与别人交流接触，不如说他们是害怕遇到陌生人对自己品头论足。

第二，一些内向的人在某些场合会有紧张不安的感觉，需要较长的适应周期才能缓解。但类似紧张的经历刻印在了他们的内心里，即使换到其他的场合，他们也会感到紧张，自然而然就希望逃避。但是，当他们适应了这种场合，还是能够愉快正常地和他人聊天的。这类人只是需要一段适应紧张不安的时间，虽然偶尔会想要逃避，但并不是真正无法跨出自己的舒适区。

性格内向的人对于习惯了的状态不愿意轻易改变，其敏感的内心在很多时候也很难被他人理解，反而会被认为是多虑胆小，这其实过于片面。如果环境的改变对于他们是有益的，就像小时候的爱因斯坦，他们就会发挥自己的天赋特长，舒展自由地成长。除了自身的努力，一个稳定的情感支持对于稳定他们的心态，帮助他们适应变化尤为重要。往往家人或朋友的一句鼓励的话、一个肯定的眼神就能让他们信心倍增。尽管有时候适应周期并非一时半刻，但只要对于未来成长有帮助，就不可操之过急，用极端的方法逼迫自己和外界接触。

另一方面，性格内向的人潜意识里就会对周围环境产生一定的危机感和不安全感。为了适应生存，他们必须使用很多内心的能量、耗费很大精力，来应对环境的变化，小心谨慎地处理危机。久而久之，这种应对模式便成了一种常态，即使是生活和工作上的丁点儿风吹草动，也往往会成为他们的心理负担。

从小到大，即使是往好的方向变动，例如升职调岗，在与新环境相处的时候，不安的感觉也会被激活，令性格内向的人倍感压力。那么如何增强对环境的适应力呢？

1. 假如是积极的变化，就先得到关系密切的人的支持，这样会给内向的人较大的心理安慰。鼓励自己多和别人打交道，刚开始可以多和有眼缘的人去交流，获得陌生人的好感和认同。

2. 到了新环境里，有意识地按照自己的习惯去应付问题，不用为旁人设想太多。比如搬到一个新居所，开始可能会紧张不安，害怕左邻右舍投射的目光，但是倘若紧张到不敢一个人出门买东西就有点闹笑话了。有时候并不是别人会把你怎样，而是自己给自己设了太多障碍。

3. 平时多坚持户外运动，尽量保持身心健康。即使不刻意改变性格，但只要身体上健康，心理上也会慢慢变好。户外运动多了，有了一个比较好的忍耐力，其实适应周围环境的意志力也会相对增强，那么对在其他社会关系上增强自信也同样会有很好的帮助。

4. 新环境下尝试改变自己的形象。这也不涉及刻意做性格上的调整，只是适当从穿衣打扮，从自己的发型改造等细节入手，而待人接物方面也应该适当注意。从一些平时不大留心的细节来慢慢调整，和别人说话的时候直视他的眼睛，长期下去，在人际关系方面的适应力也会逐渐增强。

所以，不论是自然环境的改变还是其他方面的改变，内向的人主要担忧的还是周围人际关系的变化，从一些日常细节入手考虑，会有助于各种问题的改善。

第八节　集体活动？我的内心是拒绝的

前面提到过，性格内向的人往往喜欢独处，这未必是由于对外部人际关系的压力，只是他们单纯的不愿意。

　　内向的人学习和工作都依赖于个人努力，在生活中，往往只有一个人的时候才能真正投入到自我提升的训练中。他们排斥群体、团队的交流方式，而集体的其他成员，也往往会认为这种内向的人缺乏适应环境的能力。有许多性格内向的人，都或多或少为这种误解苦恼过。

　　(一)拒绝融入他们是脾气古怪还是没有找到自我？

　　内向的人有时候显得脾气古怪，之所以不愿意参加集体交流，是因为他们总是担心自己会因为说错话而得罪人。同时他们的防卫心很强，害怕别人伤害自己、拒绝自己，所以，宁愿一个人显得特立独行，也不愿意为了别人的态度而故作潇洒大方。

　　平时不爱与人多接触，不论何时何地都喜欢独处的内向者，往往会被看作社交恐惧症。突破社交恐惧症，需要以自己为镜子。有一个关于猫的寓言故事，很形象地说明了独处和与旁人交流的关系。

　　有两只猫原本一起在屋顶上玩耍，玩着玩着一不小心，一只猫抱着另一只猫掉到了烟囱里。两只猫一起往上爬，从烟囱里爬出来时，一只猫的脸上沾满了烟灰，而另一只猫的脸上却干干净净。干净的猫看见满脸黑灰的猫很脏很丑，以为自己的脸也是一样，便快步跑到小河边洗了脸。而那只黑脸猫看见干净的猫，也以为自己的脸也像对方一样是干干净净的，然后它就毫不知情地回到了家里。家里的猫见了它还以为是陌生猫闯了进来，便一起将黑脸猫赶了出去。

这个故事启示我们，别人固然可以作为我们审视自身的镜子，能够帮助我们改善不足，更好地适应社会，取得更高的成就；但很多时候，我们最应该观照的人恰恰是我们自己。拿别人做自己的镜子，很容易迷失自我，就像寓言中的猫一样闹出笑话。

巴纳姆效应是美国心理学家伯特伦·福勒通过试验证明的一种心理学现象，他认为每个人都会很容易相信一个笼统的、一般性的人格描述，即使这种描述十分空洞，仍然会被人认为能够反映自己的人格面貌。内向者常常陷入"巴纳姆效应"，他们因为别人的评价丧失自己的判断，只认识到融入集体的好处，而忽视了属于个性的保持。一旦接受别人的观点，认为自己的确充满诸多缺点，诸如敏感多疑、意志消沉、沉默无趣、不善言辞等，就只能被这些负面标签压得动弹不得。极端的情况下，他们在生活中基本不认同自己，只相信必须通过改变性格、提高与他人交往的能力，才能重新投入社会，进而拥有良好的人际关系。事实上这又陷入了"钟摆定律"，不过是从一个极端走向另一个极端，不但不能如愿以偿，反而会让自己手足无措、丢失自我，最终产生更加严重的心理问题。

市面上的成功学、人际交往学书籍大行其道，真正内向的人不论看过多少理论书籍，学了多少交往技巧，都只会发现这些理论"知易行难"，效果并不明显。因为，这种寄希望于完全改变自我性格的做法，从出发点就是错误的，要性格内向的人完全融入集体生活甚至变得外向，虽然初衷是美好的，但结局必然是很难堪的。因为性格并没有优劣之分，每个人都有自己的特点。尤其是内向者，过于敏感焦虑不利于学习或工作，需要正面地面对一些问题，但无须完全自己的改变性格来变得外向。

（二）认清自我，重归初心

联合国前秘书长安南从事的外交事务看似非常需要外向的性格，但从性格而言，他并不是那种多么外向的人，然而谁也不会怀疑他的综合性交际能力，可见，性格因素并没有妨碍他成为杰出的公众人物，而且，他深沉的气度、高雅的谈吐、敏锐的思想、一针见血的精辟论断，都给他增添了无与伦比的魅力。

如果你总是希望旁若无人地生活在自己的世界里，完全不和外界发生交流，每天沉浸在网络世界，社交领域只局限于虚拟时空，就会渐渐失去前进的力量，对现实生活越加缺乏信心。逃避与集体的接触，也不愿意和别人争长较短，就算是买东西，都尽可能地去网购。这样彼此孤立的生活状态，是现代社会中很多人的困局。

一个性格内向的人，在身处集体之中时，遇到任何困境和委屈，宁愿挨着忍着都不愿意和别人主动沟通。内向者会把自己的事务会尽力做好，但对于集体事务，却诚惶诚恐、害怕承担。因为在他看来，与其忍受别人的眼色，处理各种人际关系，还不如躲在"一人世界"里更安全些。

如果这类内向的人去参加聚会或者公开活动，会害怕自己成为中心，或者众人关注的焦点。他们会回避觥筹交错的热闹场面，因为和陌生人的礼节性寒暄会让他们感到很不适应，浑身不自在。

内向的人对集体活动的认知，与大多数人对他们的期待相反，虽然内向的人不如外向的人喜好交际或善于大团队合作，但性格内向并不一定就是孤僻的、不会合作的。其实可以从几个方面注意尝试调整，融入一些集体活动。

1. 尝试小范围合作。集体范围有大有小，内向的人主要是对人多比较抗拒，但不一定完全不能同人合作，所以，工作上可以先从小范围合作开始，也是一个团队，同三五个人建立交流合作，一样可以发挥所长，增强与集体沟通交流的能力。

2. 在与人接触的过程中，适当主动。交流合作需要互动，尤其是工作，如果自己需要别人的帮助和配合，就把自己的意愿清晰地表达出来，相信很容易能找到和你志同道合的人。

第九节　抵触变通，心中有道分明的线

著名人本主义心理学家卡尔·罗杰斯[①]说："好的人生是一个过程，而不是一个状态；是一个方向，而不是终点。"这句话非常形象地说明了人生是充满发展和变化的。中国的"生老病死"，就是一种质朴的形容，每一个人的生命中都经

---

① 卡尔·罗杰斯，美国心理学家，人本主义心理学的主要代表人物之一，主张"以当事人为中心"的心理治疗方法。1956年获美国心理学会颁发的杰出科学贡献奖。

历着类似的种种变化，需要我们不断去调整适应。

（一）人生无法拒绝变化

现实里，内向的人希望生活安定而简单，对于一些需要面对的状态变化，往往抗拒和排斥。内向者有时候并不是不希望做一些调整和改变，但是他们需要更多的鼓励和更大的耐心，才能慢慢从死水般的生活里走出来。做出行动之前，他们会进行很久的心理建设，只有真正把各方利弊权衡清楚，内向的人才能跨出这一步。

例如一些性格比较内向的大学生，在临近毕业的时候，会义无反顾地选择考研这条路。尽管拥有更高的学历确实能够帮助他们在未来取得更好的成就；但也不排除一些人，是因为抗拒职场关系，想要逃避社会历练，才而做出考研选择的。

内向的人对下定决心的事情比较坚持，因为从性格上来看他们就不太容易转变观念，所以常被认为不善于"变通"。俗话常说："坚持就是胜利。"也许有的人坚持到最后得到了胜利，但人生并不是事事都能如愿，做事情量力而为也并不是退缩和缺乏勇气。

在一些重要时刻懂得变通，避免把自己逼到死胡同。比如考研这件事，如果顺利当然很好，假如一两次考试都失败了，那么就要想想是不是非要这个学历不可，可不可以先找到一个工作，努力打拼奋斗，同时继续学习，说不定也能取得成功。俗话也说："条条大路通罗马。"衡量人生价值的并不是只有考研取得高文凭一个指标。

股市有一个经典比喻："不要把鸡蛋放在一个篮子里。"实际上讲的就是分散投资，就是告诉人们要避免一条路走到黑，应该懂得变通处理。如果义无反顾地选择一条路，不给自己留后路，那么很可能竹篮打水一场空，甚至把底子也赔光。

换句话说，一个内向的人不论生活还是工作，只要身边的环境，让他觉得安全可靠，那么不论与人交流还是合作，他都会表现得自然得体，甚至很外向的样子，其实这就算是一种变通；如果环境的改变让这个内向者的内心觉得是不安全的、很难适应的，那么他就会紧张不安，感到困惑。显然，其安全感与真实的环境无关，只与内心的信念有关，只有使他们内心平静，才能让内向的人放下执着，做出变通。

（二）转变只在一念之间

内向性格和生理因素造成的心理状况有关，而且一旦经过长期的适应，养成了习惯，即使后天再怎么努力也很难使这种性格发生改变。在面对一些劣势习惯的时候，很多人将其当成天生的，因而不愿意选择变通，或者努力改变过一次却遇到失败，就此放弃了继续尝试。

那么，是不是选择变通的时候都会这样艰难呢？

原本坚持自我，或者执着梦想都是正面的积极因素，懂得变通或灵活取巧有时候反而带着负面的因素。人活一世，都希望在生活和工作中有所作为，性格内向也能够成功，首先要有所追求，其次才能实现个人的价值。性格内向，但并不意味着停滞不前，内心只要拥有梦想支持的原动力，也一样可以朝着目标前进。

通往终点的道路磕磕绊绊，并不会一帆风顺，但只要方向正确，总有一天会实现梦想和目标。就像名著《西游记》中的"西天取经"一样，历经九九八十一难，这是一个历练意志的过程，唐僧虽然最为脆弱，最为内向，却也是内心最为坚定的一个。如果不是唐僧的坚定信念，那么取经队伍可能中途就会因为各种分歧而一拍两散。但是一次次救唐僧于危难之中的，确是徒弟们的巧施妙计。

要坚守内心不愿失去的东西，同时也要在适当的时候调整变通，如此才能取得意想不到的效果。那么如何让内向的人顺利地转过这个弯呢？

第一，这是一种思想上的变通。

其实古今中外的辩证思想无处不在，什么时候我们应该争，什么时候我们应该让，都有特定的规律可循，有许多历史可以提供借鉴。但是具体的问题要具体分析，在遇到问题时多思考、多询问，同身边信任的亲友做深度讨论，都是适合内向者变通思路的方式方法。

第二，多一个备选方案。

内向的人习惯考虑周全，需要安全感，不计后果的赌徒行为一般不会是内向的人做的事。在尝试做出调整和变通时，如何变，往往不止一个选择，你大可以多准备几种方案，一个不行就尝试另一个，让自己的部署更周密。

不管你是否觉察到，也不管你愿意还是不愿意，每个人时时刻刻都在寻求变通。善于变通的人会越变越好，不善于变通的人往往越变越差。我们只要掌握了变通之道，以此应对人生的各种变化，在变化中寻找机会，也在变化中获取成功。

第十节　大脑容易"想得太多"

性格内向的人在外部交际方面可能会有种种的不利，但在内心思维方面，他们似乎活跃得多。这是一个与众不同之处，虽然算不上缺点，但有时候会让人觉得很累，这可能就是俗话说的"想得太多"。

性格内向的人非常珍视自己的理想和目标，也很看重生活中为数不多的几个朋友。为了内心坚持和看重的内容，他们经常开动脑筋思考，朝着既定的目标和方向前进。有些人认为"想得太多"，会让人脱离实际，沉浸在白日梦中。当然，事情需要一分为二来看待。在认真专注的事业上，需要这样的用功。例如攻克哥德巴赫猜想的陈景润、发明电灯的爱迪生等，都是这一类"想得太多"的内向者。显然，他们的想法曾经都被看作"白日梦"，但实际上他们清楚自己的观点并非不切实际。

人们都知道，大脑的不同区域控制着不同的活动。德国心理学家汉斯·艾森克研究了一个内向的大脑，发现内向者具有程度非常高的皮层唤醒，他们每秒处理信息的能力要远高于外向者的平均程度。性格内向的人喜欢思考，这本身是一个显著的优势。同时，这也意味着内向的人对环境非常敏感。他们害怕受到过度的刺激，例如有大量噪音的环境，这会让他们觉得非常紧张不安，使他们的脑部活动活跃度降低。他们很可能会从大脑的皮质活动中感受到压力和疲惫，会觉得很不舒服。

客观来说，这个世界大多数的内向者不可能成为科学家、艺术家、文学家，大多数人的思考确实是"想得太多"，这主要源于他们敏感、焦虑的情绪，以及对身边的人和事缺乏安全感等。相对于参加喧嚣的聚会，他们更倾向安静的阅读；他们致力于创造却不愿自我推销；他们宁愿一个人独立工作，也不喜欢加入集体的头脑风暴之中。

内向的人会把简单的事情复杂化。他们喜欢做大量的思考，比如在一个寻常的工作就餐场合，同事们闲谈着最近的网络热点或者影视节目。这时候，很多评价都是大家随口说说，并没有经过深思熟虑。如果一个内向的同事很较真地分析这一类话题，深入剖析一个短视频，或者长篇大论地分析一部电视剧，当时可能会得到同事的赞许和好评，但次数一多就会显得小题大做。虽然他确实长时间关注网络传媒或者影视行业，对一些情况有精明独到的见解，但同事们可能会觉得：他这么较真干吗？这种娱乐助兴的事情有必要说得那么复杂吗？很多内向的人事事都要花费时间和精力去深入剖析，容易被认为无聊呆板。

内向的人遇到事情喜欢考虑多种情况的应对方式。他们做事过于较真，遇到一些事情往往想得太多，会大量借助过去、现在和未来的经验。他们会把遇到过的情况与新的事实联系起来。哪怕是买东西，他们也喜欢在头脑中反复权衡利弊。有些考虑是必须的，比如每个月该怎么还款，生活怎样安排才能水到渠成，一般来说只要在承受范围内，大家就不会太斤斤计较。而内向的人却喜欢考虑多种情况，甚至要把每种情况的后果都弄清楚。

这些喜欢颠来倒去的思考者，容易被亲戚朋友拿来开玩笑。因为大多数内向者不一定是令人敬仰的成功人士，但却喜欢在一些事情上左思右想、反复盘算，而且大部分是别人眼中无所谓的小事。有时候，他们被认为不干脆，不痛快，就算是亲近的人，也会觉得他们的举动不讨喜。这种"想得太多"的情况给大多数平凡的内向者制造了不少的尴尬，并且加深了他们在社交场合的焦虑和不安。

在人际交往中，他们是耐心和积极的听众，在其他人需要理解和帮助时，能够提供极大的支持和力量，然而很多时候这些长处却并没有机会表现出来。那么，如何发挥这些优势呢？

1. 区别场合发言

在其他人说话时多观察，考虑好需要不需要自己发表看法，要明白察言观色并不是不好的事情。内向的人心思细腻，善于观察，比较容易感知人们的情绪。也正因此，他们才会对别人的看法显得特别认真。如果大家只是进行娱乐式的闲谈，那么点头或摇头也可以作为一种回应。如果同事说一部电影很好看，你看过了觉得很糟糕，说出来也没什么。一般没有人会对这种评价认真，也不至于激动地要同你展开辩论。

2. 将想法落到实处

现实生活里，内向的人容易被杂事扰乱，受一些外来影响干扰分神。但是，如果寄希望于通过思考解决这些问题，那么行动上就会犹疑不决、毫无进展，所以不要总是沉迷于思考，最后还是应该把想法落到实处，用行动去排除万难。面对自己需要完成的攻坚任务，或者答应给家人和朋友帮忙的事情，不应该把行动停留在满口承诺上，不应该空有一腔热血和想法，而不去推进实际工作。

3. 有信心发挥长处

内向的人一般在自信方面有所欠缺。本质上这是一种心态潜能。内向的人因为"想得太多"，常常在做事情的时候，因为见效不够快而状态疲软，如果多一些坚持，再多一分信心，可能成功的曙光比想象的来得更快。

也就是说，如果你是一个充满信心的人，你有动力克服困难，有勇气处理问题，有机会获得成功，那么，身上的一切能力都会被你的信心激发出来，你就有可能成为自己所希望的那样。

第十一节　过于注重细节

由于性格内向的人心思细腻，善于注重细节，在很多事情上都希望做得更好，处理得更加完美，因此他们更适合从事艺术类工作。事实上大部分内向的人并没有走上这样的人生道路，所以，这种没有发挥到合适位置的特点往往也会给他们带来一些困扰。

内向的人有许多基本共性。《内向者无敌》一书中总结道：如善于思考，对问题体验深刻、钻研深入；能高度集中注意力；富于创造性，富于想象；认真负责，承诺要做的事情就会去做；善于观察，对刺激的反应比较灵敏；善于倾听，等等。这些特点促使内向的人在与人交际、处理事务的时候会更加看重细节，关注的方向会比外向的人具体而精微，有的时候自然是长处，有的时候又容易成为短处。[1]

在人们的印象里，性格外向的人凭借交际能力突出，可能显得兴趣广泛。他们什么都会，虽然不一定多么精通。如李嘉诚的事业遍及各行各业，港口货运、酒店、保险、电力、地产、基建、零售、石油等，可谓包罗万象。内向的人往往相反，以专注细节为擅长，喜欢在某一个点上深入挖掘。如爱因斯坦专注物理，比尔·盖茨专注软件，梵高专注画画……性格内向的人往往以此获得成功。他们在专注的领域，能够充分发挥长处，因此取得惊人的成就。

内向者专注的点不一而足、各不相同，小到家中的陈设摆放、清洁卫生，大到工作中的一个决策。这些注重细节的人不一定都是各行各业的成功人士，因此，他们的表现也不一定都能得到别人的认同和赞许，有时候会造成一些尴尬和不利。

好比生活中的家用陈设，太过注重细节，就不是优点。如在搬家的时候对如何摆放家具思前想后，拖拖拉拉，导致很多东西堆在屋里，让家人十分疲劳，非常折腾人。再如工

----

[1] 见《内向者无敌》，胡邓著，机械工业出版社2010年出版。

作上的事情，有些重大项目有着非常严苛的进度表，不论作为项目的负责人还是具体执行者，都必须按照时间节点推进工作。如果因为你单方面追求细节完美，拖慢进度，显然对项目全局是很不利的，而这也就不再是优点。

内向的人勤于思考，应该很清楚注重细节对生活和工作的利弊。他们如果希望改进处理事情的方法，需要进行许多心理建设，通过各种渠道谨慎地挑战自己的性格，一步步地尝试。这可能是一个缓慢痛苦的过程，有时候，自己一个人并不能很快适应，需要找一些人帮助。

他们寻求转变需要得到有力支持。他们的内心很渴望有人能够理解他们的想法，也同样希望别人能给他们提供一些建议。在知心的朋友面前，内向的人会比较轻松地展开交流，敞开心扉。对某一话题的深入交流能够激发他们打开思路，让他们豁然开朗，给问题找到理想的解决方案，做出有利的决定。因此，促使他们发生改变的，实际上也是一些思想碰撞的细节启发，只不过有时候灵光一现的想法会很模糊，他们需要时间厘清思路，消化吸收。其实，大多数内向的人很喜欢学习，他们很喜欢给内心"充电"。

如果内向的人意识到自己过于注重细节，在某些时候会成为处事不当的"隐患"，也不要过于沮丧。相反，可以把发现问题看成一个完善自我的契机。有意识地去锻炼自己的自信心，完善思考的方式，就会越来越能适应自己的生活和工作，处理事情的能力也会得到提高。

换一个角度看，不管人的性格如何，思维类型基本分为两种：一是直线型，不会拐弯抹角，想法直来直往；二是复制型，常以过去的经验作为参照，不容易接受新鲜事物。其实，生活是我们最好的老师。只要我们热爱生活，积极投入，善于学习，善于调整自己的思维习惯，善于改变自己的观念，我们就能走出困境，进入新的天地。

处理问题的方式没有好坏优劣之分，关键在于有没有效果。那么我们如何更好地把握住这一点呢？最好是因事而异，区别对待。

比如生活上和工作上的问题，要区分主次，从全局上去衡量把握，看看处理方式是否有必要仔细具体？在我们实际处理事务时，细节的把握有时是必要的，但有时却是妨碍。俗话说凡事都有两面性，性格问题往往是一把双刃剑。在一些情况下或某些场合中，注重细节是好的，比如大家发挥想象力构思一个策划，设计一种东西，为了精益求精，需要思虑周全。而在另外一种情况下或其他场合中就可能会不利，如前面提到的追赶项目进度的时候，条件允许我们是应该做到最好，但顾全大局才是第一位的。

要性格内向的人完全轻松适应，自由把握事态变化，做出非常灵活的应对，显然是不容易的。有人在生活方面的转变更容易一些，而有人可能在工作方面更灵活一些，这不存在优劣之分，只是侧重面不同而已。

注重细节问题，严格来说并不是一个缺点。真正的问题是，当这一性格特质成为"问题"时，我们可能不容易迅速察觉。那么，就需要仔细考量自己所处的环境和场合，判断你的做法是否是适宜的，不会对他人或集体构成妨碍的。

因此，对一个性格内向的人来说，要发挥细腻敏感的特质，必须时刻留心周围的背景，不论待人接物还是工作交际，具体做事的时候应不应该过于留心细节，要有一个大致判断。

第二章
群星闪耀——内向者的财富

第一节　谨慎，谨慎，谨慎，重要的品质说三遍

　　人们常常觉得，内向的人不太热衷对外交往，对环境的适应也非常慢，这代表了就做任何事情都比较谨慎。在人们印象中内向的人不喜欢热闹的地方，刻意避免参加人多的集体活动，在做出选择的时候也会瞻前顾后。人们总会误会内向的人，觉得他们"想得太多"、做事谨慎，但这未尝不是其性格中的优点。

　　不可否认，任何事物都有两面性，凡事有利必有弊。内向的人大多表现出慢热、不轻信等谨慎的特点。每一个事情、每一个决定、每一条信息都要仔细考虑，只有经过谨慎的判

断和衡量，他们才可能做出最有利于自己的决定。

内向的人会本能地先弊后利地分析信息，而外向者一般相反。当然，人们在现实生活中遇到的情况千差万别，不同的外部环境会触发不同的行为和意识。另外，生活经验、接受教育程度、价值观等因素也会影响大脑对信息的分析，不同的人可能会对相同的事物做出完全不同的判断。好比住在沿海地区的人可能会觉得有海的地方很美、很好玩，但没有去过海边的人就不一定认同，他们的内心可能对大海比较抗拒。所以，处理事务的方式没有绝对的统一标准，而是因人而异的。

表现出谨慎的特质的一些人希望自己的认知深刻而富有内涵。他们往往在成长的过程中会受到一些习惯和现实条件的影响，在分析处理事情的时候，安心地使用对自己没有危害的信息。因为他们认为，对事情的细节信息掌握得越彻底，越有可能找到所有弊端，得到一个完美的处理对策。所以，这一类内向者就喜欢深入考虑问题，做出决定迟缓慎重。因此被认为是研究型人才，如科学家、发明家和政治家。

很多杰出的政治家看起来有礼有节，谈吐得体，极有魅力，其实他们性格上也是内向的。如林肯、丘吉尔这些擅长演讲的人，表达看法和做出决定都非常谨慎。因为每一个决定和选择都可能影响很多人，正是因为谨慎才成就了他们不凡的事迹。

例如历史上颇受赞誉的美国前总统林肯，他当选总统不久就面临国家分裂为南北两部的局面，稍有不慎，他可能就会被列为美国历史上最出名的"罪人"，那样就没有今天的美国了。

当时南方拥护蓄奴政策的州已经结成同盟，而北方一些州是另一番情况，很多黑人和奴隶自发地呼吁所在州要求废除落后的奴隶制度。林肯一开始并没有完全倒向某一方，而是极力周旋。他的目标是保全国家完整，而不是支持施行某一项政策。林肯的做法非常小心谨慎，他并不企图借助身为总统的权力和威望，冲动地站出来领导全国废除奴隶制，尽管他本人并不赞成奴隶制。林肯根据事态的发展走向，希望各个州政府根据自身情况启动废除奴隶制的法案，而个别态度比较中立的州可以在废奴后实行补偿措施。经过一段时间，废奴的呼声在美国达到一种高潮，然后林肯才在这一重要的时间点上推出了著名的《解放黑人奴隶宣言》[1]。这时候林肯

---

[1]《解放黑奴宣言》于 1862 年 9 月 22 日颁布，1863 年 1 月 1 日，林肯正式实施解放黑奴宣言。

才变得态度坚定，成为领导南北战争的核心，最终压制住南方联盟，维系了美国的统一。

当然，今天大多数人都很难能成为像林肯、丘吉尔一样的大人物，但谨慎的表现毕竟是非常宝贵的优点，在一般人身上也可以起到积极的作用。那么，应该如何发扬谨慎的特质呢?

第一，谨慎细心有助于稳定情绪，处理复杂事务。

假如一个人性格外向，往往对做一件事是不是有回报，对自己有无好处更加敏感，因此他们更倾向于冒险。与之相反，性格内向者则会选择更加慎重的方式。性格内向的人遇到事情的时候必须排除干扰，保持情绪稳定。如果有过多杂务干扰，就会使他们心绪烦乱、情绪不稳，注意力分散，就很难做到全神贯注。但是内向的人由于经常自我反思，自我摸索，所以能够很好地处理自身的各种心理困惑，保持一颗平静的心。

第二，谨慎的人更有责任感强。

一个细心、谨慎的人，往往有很强的责任心。任何事情都是事在人为，同样一件事，性格内向的人往往更负责任，更可能胜任。如果对什么事情都毫不在乎，不当回事，就可能竹篮打水一场空。只要能够负起责任，油然而生一种神圣的责任感和使命感，就可能激发全部的智慧，调动出无穷的潜力。

第三，做事谨慎能够更好地处理紧急事务。

内向者并不一定就是安静或孤僻的，他们把注意力集中在自己的头脑内部，重视主观世界、喜好沉思、善于内省，常常沉浸在自我欣赏和陶醉之中。他们可能缺乏自信、容易害羞、冷漠寡言、较难适应环境的变化，但当面对紧急事务的时候，他们往往能很好地进行处理。

相比外向性格，内向的人情绪更为冷静、平淡，所以他们更擅长在信息有限的情况下工作，对冲动情绪的抑制力比较强。性格内向者内心的意志更坚定，能够根据纷杂的信息找到解决方案。就如爱因斯坦说过的话一样："我成功并不是因为我聪明，而是我花了更多的时间来考虑问题。"

第二节　洞察本质是种本能

性格内向的人善于深思，习惯脑力活动，对于身边的一切都很敏感，适应环境的能力则相对较弱。但是，生活状态和成长环境本就是在不断变化的。因此，内向的人一般需要经过比较长的适应期，一方面他们要接纳新事物，找到环境中的恶劣因素，并思考相应对策；另一方面他们要平复不安的消极情绪。所以，这也是人们形容很多内向者"慢热"的原因。

大部分性格内向的人，对一切事物的变化都充满深刻的洞察力，他们善于去分析利弊，判断取舍策略。成年人的世界中，做好任何一件事都很不容易，即便是像爱因斯坦、巴菲特这样的精英人物，在成功之前也要用漫长的时间来积累相关的专业知识，其中也会遭遇无数次失败的经历。

作为微软的创始人和领航人物，比尔·盖茨在多数人眼中是公认的传奇。在他孩子般的笑容背后，是让人不可思议而又惊叹万分的商业眼光。毫无疑问，比尔·盖茨卓越的经营智慧让其名噪天下。凭借深邃的洞察力和精明的头脑决策，他成了行业标杆，众人仰望的巅峰。

在许多人心目中，比尔·盖茨是集技术员、企业家和推销员于一体的，多年来，他不断证明自己对电脑行业的未卜先知。由于他对先进科技的深刻了解和整合资源的独特方法，使他在专业领域具有洞察先机的判断力，为微软确立了正确的发展方向。

比尔·盖茨告诉人们，软件也是一个市场，这个市场上的人都有各种各样别出心裁的想法，必须要非常小心，不要让这些想法改变我们的思维。我们必须明白什么将会变得流行起来，并坚持自己的理念做下去。当业界公认全社会处于"主机"主宰的时候，盖茨认为 PC 时代即将到来，于是他着眼于抢占 PC 操作系统市场。20 年前盖茨预言，世界上有桌子的地方就会有计算机，现在他的理想逐步变为现实，计算机已经改变了我们的生活方式。

1995 年 11 月，盖茨出版了《未来之王》一书。他在书中描写展望"未来生活"："终有一天——不是很遥远——你不用离开书桌或扶手椅就可以做生意，从事研究，探索世界及各种文化，收看你想看的任何喜欢的娱乐节目，交朋友以及给你远方的亲戚看照片。"没有悬念，这些预测都一一得到了证明。

盖茨对软件市场的分析和判断，一点也不落后于他对技术前景的把握和理解。早在 1994 年，盖茨第一次来中国的时候，他就断言中国是一个潜力巨大的软件市场。随着他到中国次数的增多，他对中国的了解和期望更加深切。因此数年来他不断加大开发中国市场的力度。

比尔·盖茨几乎是性格内向的成功者的代表，而他让人折服的就是那精明而准确的洞察力。因为这一类人非常专注于自身行业的种种细节，哪怕是一个细微的变化或趋势，他们都会有所感应，提出针对性的策略。所以，这一类内向的人往往希望面面俱到，深刻而周全，能够凭借深厚的专业知识和独特的眼光，对行业未来和自身方向做出精确的预判。[1]

这种洞察力有时候是刻意培养的，但同时也会受到先天本能的驱使。内向者在自己感兴趣的方面，就自然而然地留意和专注。他们希望掌握全部的信息，对任何风吹草动，可能或者已经出现的任何问题，他们都能够"对症下药"。当然，生活中多数人不一定能找到适合自己的领域，让自己全身心投入，像比尔·盖茨和电脑软件行业，巴菲特和金融股票行业这样契合。但你也可以有意识地在某一片领域中，尽量让自己投入其中，发挥自己的所长。

---

[1] 本节比尔·盖茨经历基本引自《比尔·盖茨全传》第三章"经营篇"和第五章"决策篇"，于成龙著，新世界出版社2005出版。

　　内向的人一般不愿意将内心的想法轻易地说给别人听，但如果他们找到了属于自己的天地，能够一展所长，他们一样可以侃侃而谈。所以，这种洞察力是他们积聚能量的手段和方式，给他们自信，可以使他们的内心变得强大有力。

　　那么，一般人如何提升自己的洞察力呢?

　　第一，相信自己的判断力，训练逻辑思维。

　　内向的人原本最相信的人是自己，但他们有时又会因为对外界的评判过于敏感而缺乏自信。因此要摆正自己的认知，建立自己的信心。提升洞察力需要善于思考，要会从根源去梳理，找到问题的本质。面对事情或问题时，先去捋顺整件事，寻求内在的安心，然后通过一次次训练的积累，提升对事物的观察力和洞察力。

　　第二，在平静中激发创造性思维。

　　内向的人一般喜欢独处，喜欢平静的生活环境，这样的环境能够帮助他们提升思考的效果。就工作而言，安于平静对适应环境来说很有益处，因为这样容易激发他们的思维活力。因此，提升自己思维能力的一个办法就是多处于舒适而宁静的环境中。那些成功的、具备创造能力的人物，比如爱因斯坦、牛顿、马克思等天才，几乎都有一个共同特点，那就是喜欢独自在平静的环境里埋头苦干。

第三，善于吸收有价值的意见提升洞察力。

内向的人大多比较敏感，比外向的人更重视别人的反馈。因此要理性看待其他人发表的意见，仔细进行分析，来提升自己的洞察力。不同的人有不同的观点，全面了解他人的意见并吸收有价值的信息是一个简单、快捷的方式，不能因为别人的一点意见就畏缩害怕、妄自菲薄。

第三节　窗外的纷扰我不听

内向型人格具备很多长处，而一般人不太容易觉察。这些特点有时候还被误认为是缺点，例如内向的人不太喜欢参加集体活动，就会被认为不合群，不爱和大家交流，其实这恰恰体现了他们更善于集中精力专注做某件事情。

在纷繁嘈杂的社交型场合，假如性格内向的人被强制要求参加，出于基本礼貌，他们也会同其他人交谈，但纯粹是敷衍性的。内向的人一般不会进行华而不实的闲聊，他们会认认真真地倾听和吸收他人的话，在别人说话的时候，尽量集中精神给予尊重，不会在意自己要说什么，而是通过用心倾听来学习应该说些什么。

多数内向的人避免去人多的场合，主要是因为他们喜欢安静。他们一般不想成为别人的焦点，不希望别人知道自己在生活、工作中遇到了怎样的困难，心里背负了多少压力，被多少情绪困扰等。在他们眼中，人多的礼节性场合，大家七嘴八舌讨论的话题一般很没有价值。

内向的人并不希望被其他生活琐事干扰分心，希望应酬交际越简单越好，令他们满意的交流往往和其兴趣爱好相关，并且是专业而专注的。他们尤其讨厌复杂的人际关系，这对于内向的人来说简直是浪费时间和精力。那些富有创造力的内向者更喜欢独处，喜欢与简单的、志同道合的、有默契的人相处，而不喜欢在那些看似浮华、应付场面的社交关系中浪费时间。因为他们能够沉浸在深入交流的事业或爱好中，真正集中注意力探讨专业的事情，碰撞出思想的火花。

多数被人们称道的、取得非凡成就的内向者，有很多是这种非常不喜欢热闹，但做事异常专注的人，例如传奇股神巴菲特。

　　这两年，一部纪录片《成为沃伦·巴菲特》[1]再次把众人的目光引向他。他是全球向往财富的人心中的神话。这部纪录片简单直白地告诉全世界的人，成为巴菲特的秘诀其实人人心里都知道，就看你是否做得到。这个秘诀只有两个字——专注。

　　小时候的巴菲特，每周只有五美分的零花钱。他觉得不够用，于是五岁就开始学着做生意。最开始他上门推销可口可乐、口香糖，还卖过邮报。巴菲特回忆说，自己喜欢送报纸这个差事，因为这样他能规划自己喜欢的路线。性格内向、喜欢安静的他，早上五六点钟就出门做事，那时候没有人能打扰他。用巴菲特的话说："我完全是我自己的老板啊！"他每天差不多要送500份报纸，每份报纸赚一美分，看起来当然微不足道。但每天攒下一美分，很快就有了几百美元，甚至上千美元。巴菲特从小就喜欢挣钱，11岁时便已开始学着炒股，16岁还没上大学时就赚了53000美元。

---

①《成为沃伦·巴菲特》，美国电影纪录片，讲述巴菲特从白手起家到创办伯克希尔·哈撒韦公司的成功经历，以及他的投资理念和成功秘诀。本节内容根据剧情介绍整理论述。

另一方面，巴菲特对生活要求很简单，在大半辈子工作的日子里，他的早餐费不超过 3.17 美元，并且经常在上班的时候去麦当劳买早餐。这个全世界人人敬佩的成功人士，座驾不是劳斯莱斯、宾利，而是一辆开了八年的凯迪拉克。他住的房子居然是 1958 年买的，只花了 3.15 万美元，一住就是半个多世纪。这也导致他家附近所有的住宅一直都在热卖，因为地产经纪都把"你可以同巴菲特做邻居"拿来做广告。

虽然巴菲特是全球极成功的金融投资者，但这个天才在生活上简直"低能"，他找不到家里灯的开关，搞不清家里墙壁的颜色，而且出了名的抠门儿，用优惠券请比尔·盖茨吃麦当劳这事，已经成为名人之间的经典调侃笑料。

通观所有细节就会发现，巴菲特这一生对衣食住行的要求很少，可以说是不太讲究。但是，他终身都在专注地做自己感兴趣的事——赚钱。他赚钱不是为了挥霍，而是因为他的专业与爱好在于此。所以，他赚钱以后自己用来享受的从来不超过收益的 1%，而且他也花了很多钱做慈善。

显然，巴菲特的时间从来没有浪费过，他不会纠缠在不喜欢或是不擅长的事情上。他和比尔·盖茨一样，在自己感兴趣的事上非常用心和专注。大多数内向的人身上也具有专注的毅力，虽然我们普通人很难有像巴菲特或比尔·盖茨那样突出的优势，但我们人人都可以学习他们做事的态度和方法，这种精神是可以借鉴和复制的。

俗话说，性格决定命运，细节决定成败。生活中大多数人虽然无法成为那种偶像式的人物，但每个人都会遇到均等的机会，性格内向的人也是一样。这就好比在学校里，总有几个比较积极的学生滔滔不绝地发言。假如一向沉默寡言、性格腼腆的人突然举手，相信所有的人都会转过头来，好奇地看着这个人。但是，内向的人一般不会为了突出自己而争取表现，一旦他们利用这种"在场"的力量，做了充分准备进行发言，那么就很容易获得关注。他们的就会在其他人的意外中树立起一种沉着冷静的积极形象，让人对其刮目相看。

那么，内向的人如何更好地运用这一性格禀赋呢？

1. 通过自我激励提升专注力

毋庸置疑，这种自我激励的方式可以消除分心，无须等待任何人的确认和批准，内向的人会以承诺作为激励来实现他们的目标。这有助于使他们成为高效率的企业家。

2. 沉着冷静地听取意见

一般而言，外向的人总喜欢主导每一次交流，但内向的人喜欢保持安静，并倾听周围的人所说的话。就创业而言，后者更容易成为一个卓越的领导。

这不仅对公司业务至关重要，而且对于员工工作和团队合作也非常重要，内向型企业家更擅长解决问题并推动公司长远发展。

第四节　与生俱来的独立

性格内向的人在大多数人眼中很独特，外人不易亲近。他们的心中好像隐藏着许多事情，又不愿意将想法说给别人听，这一类人往往独来独往，就像传说中江湖世界的侠客。

世界闻名的武侠小说大师金庸先生，一生写了许许多多性格各异的江湖人士，既有风流潇洒的武林豪杰，也有为国为民的侠义英雄。其实金庸本人是一个性格内向的人，虽然谈吐睿智，但话语很少。众所周知，金庸非常爱读书，到老好学不倦。退休多年，年纪很大了还去国外读书。

另一方面，金庸也是一个成功的新闻人和报业大亨。工作上，金庸对每一个重要的决策都很有主见，非常专注于自己的事业。20世纪50年代，当他决定离开《大公报》，自己创办《明报》的时候，也是受了敏感的性格和自主的意识的影响。①

　　当时金庸事业受挫，试图进入长城电影公司当编剧。那段时间，金庸对社会现实比较失望，有些心灰意冷。《明报》的出现，再次点燃了他的斗志。金庸从不依赖别人，自己编辑、自己写作，甚至自己跑发行，所有资金都是自己筹集的。金庸的第二任妻子朱玫还拿出所有首饰支持丈夫创业。那段时期可以说是金庸生平最艰难的时期，并且创下了金庸最疯狂的工作记录——一个人同时负责写几个版面的稿件，包括头版的时评。他凭借小说方面惊人的才气，以及对社会时事的深刻见解，支撑起这一份少见而新颖的民营报刊。最终金庸一手将《明报》做成了香港的一家大报，在1991年成功上市。

　　内向性格的大多数人在遇到挫折或委屈时，往往选择自己承受负面情绪，一般不会轻易对家人、朋友倾诉。因为他们知道，没有人愿意听抱怨，无论怎么向别人诉说，也解决不了自己的事情，他们宁愿沉默，慢慢消化。如果想通了一些事情，找到了新的方向，就可以将负能量转化为继续奋斗

---

① 本节关于金庸生平事迹基本来自《金庸传》，傅国涌著，浙江人民出版社2013年出版。

的动力。金庸先生不仅开创了自己的《明报》事业，还在一种高压状态下把武侠小说创作推向了高峰。无须怀疑，他的武侠小说自然离不开亲身的经历和感悟，小说中许多知名的侠士都融入了他个人的性格，都是内向的人。

如大家最熟悉的"射雕"三部曲，郭靖、杨过、张无忌三人都是内向的人。郭靖少年时资质不佳，不善言谈，生活在漠北草原陌生的环境中，毫无疑问是性格内向的人。即便后来有江南七怪来教他武功，但郭靖和几个性格古怪的师父也很缺少沟通，学得很慢。马钰和洪七公都看出了郭靖的长处和短处，根据他的特点教他，才慢慢让郭靖找到了学习的方法，逐渐开窍，武功得以提升。

也许很多人会认为，杨过年轻时风流倜傥、能说能笑，应该是外向性格。但恰恰相反，杨过自幼孤苦，小小年纪就隐藏了许多的心事，很多嬉笑怒骂全都是他伪装出来的。众所周知，杨过从小失去双亲流落江湖，受尽白眼和欺辱，还长时间寄人篱下，他看着郭靖一家受人敬佩，热热闹闹，但他身为郭家世交的子侄，却始终被另眼相看，这一份心酸只能自己化解。所以，杨过一直都是一个内向的人，所以他最后武功绝顶时，闯荡江湖十六年始终戴着人皮面具。杨过只希望走遍天涯海角寻找小龙女，虽然经常行侠仗义，但几乎不与外人交流。

张无忌从小生活在海外，没有和外人接触过。回到中原后遭遇父母惨死的大变，一个人流落江湖，遇到种种复杂的困境，凭借奇遇才躲过毒发身亡的厄运。尽管张无忌不像郭靖那么木讷，但也是一个纯良质朴的人。所以，金庸分别给郭靖和张无忌特殊的照顾，他们身边的两个女主角黄蓉和赵敏都是相当聪明的人，显然是作为性格的补充。

除了性格内向之外，这些武林大侠在思想行事方面也都统统独立自主。他们的爱好都很简单，对生活没有什么要求。但另一方面，只要他们认定是应该做的事情就会坚持到底，这就是内向性格非常典型的特征，也是大侠们能够受人尊敬、受读者喜爱的原因。

我们知道，郭靖虽然有点呆傻愚钝，却是公认的金庸塑造得最成功、最有魅力的角色。他仁义双全的品格显然不是一天练成的，从少年时，郭靖就已经受到很多优秀品质的影响。江南七怪的武功不算高，但他们的侠义风骨从小感染着郭靖。为了兑现一个承诺，七怪从江南到漠北，守护郭靖十八年。少年郭靖武功不高，见穆念慈被杨康欺负，明知不是杨康的对手却毫不退缩，仗义出手。初见黄蓉是一个小乞丐，毫无偏见，请她大吃大喝，被黄蓉高雅的谈吐折服，送衣服、送钱、送马，把黄蓉感动得一塌糊涂，认定郭靖为终身伴侣。这些细节都能看出郭靖的品质高尚。后面郭靖一度为学武到底有什么用而困扰，这样一个头脑不算灵活、悟性也极其普通的少年，一直都有非常独立自主的人格。经过一系列事件后，他才认定要做恪守侠义和坚持己见的人，最后赶赴襄阳保家卫国，完成了自己的理想。

现实生活中，希望一个内向的人工作有成效，最好的办法就是让他独立工作。例如完成一项发明设计，撰写一份材料或报道，处理文字工作等。当他们独自工作的时候，更能发挥出创造力。所以，性格内向的人会用敏锐的思考、坚定的意志，攻坚克难，爆发惊人的力量。他们能把表面的劣势转变为长久的优势，充分利用个性特点，鼓舞有共同志向的人一起前进。

培养自己独立的意识，需要注意几点。

第一，思维冷静，不轻易附和他人。

内向的人一般不追名逐利，拥有个性化见解而不盲从，对不熟悉的领域不轻易表达，会选择保持沉默。而在熟悉的领域则会有专业的判断，体现出他们独到的见解，不会流于表面。

第二，注重精而专，而不是广而博。

内向的人真正独立的意识体现在专业层面，他们会在符合兴趣爱好或能发挥长项的工作上尽量精深，体现自己的与众不同。如果希望通过见识广博来体现独立深刻的见地，往往比较困难。

第三，不要忽视创造性。

内向的人内心深处有一种寻求创造性的超然，有点儿像艺术家。内向型的领导者往往能够带领企业走出低谷，或者找到解决问题的最佳方案。

第五节 坚韧之心

古今中外很多有才华、有潜力的人都是性格内向的，他们依靠长处取得成绩。尽管不少内向的人喜欢平静生活，喜欢独处，不愿参与社会性活动，但也不乏许多内向者有远大的志向，他们依靠坚韧的心灵排除万难，最终获得想要的成功。

这些性格内向的人之所以能成就一番大事，主要是因为他们激发了自身的内在力量。我们每个人或多或少听说过，人类具有无穷的潜能。越是不起眼的地方，越是聚集着惊人的爆发力、意志力、专注力和思考力。只要他们下定决心去做一件事，哪怕耗费漫长的时间，也能够发挥长久的效应，最终取得惊人的成就。

法国历史上著名的皇帝拿破仑，是一个来自偏远地区的穷苦少年。拿破仑小时候性格非常内向，但他十分好学，善于汲取知识。为了摆脱穷困的家境，他很早就下定决心要做一番事业。

拿破仑的父亲卡洛没什么钱，但看出拿破仑喜欢读书。于是，在拿破仑十岁左右，卡洛耗费心血把他送进布里埃纳的一个贵族军事学校。学校里的其他同学都很富有，讽刺拿破仑是来自殖民地①的底层贱民。拿破仑感到羞辱，但不得不默默忍受，于是他更加刻苦学习，希望用实力说话。读了几

---

① 科西嘉岛在历史上长期属于意大利的领土，古代罗马人、中世纪热那亚和比萨等城邦都占据该岛。直到拿破仑出生的 1769 年才被并入法国，当时是属于新的殖民地。

年以后，拿破仑以优异的成绩被选送到巴黎军官学校专攻炮兵学，但没过多久父亲逝世，家境不好的拿破仑被迫提前离开学校。

之后，拿破仑进入拉斐尔军团并被授予炮兵少尉军衔，随着部队操练和行军。部队中的很多同伴都在用闲暇时间追求女人和赌博，而他则一边继续埋头读书，一边努力寻找新的机会。凭借军队的出身，拿破仑可以不花钱在图书馆里借书，这段经历使他得到了很大收获。

拿破仑住在一个既小又闷的房间里，据说他的读书记录印刷出来足足有四百多页。他曾想象自己是一个总司令，将家乡科西嘉岛的地图画出来，在地图上清楚地指出哪些地方应当布置防范，这是用数学方法精确计算出来的。这使他有了充分的准备，一旦有机会表现就能牢牢抓住。终于有一次，长官看拿破仑的学问很好，派他在操练场上做一些进攻前的谋划工作，这需要复杂的计算能力。他做得极好，于是获得了这一机会，逐渐从军队中脱颖而出。这时，一切情形都变了。从前嘲笑他的人，现在都拥到他面前来；从前轻视他的人，现在都希望成为他的朋友；从前挖苦他矮小无用的人，全都开始尊重他。随着拿破仑地位上升，他们都变成了他的拥戴者。

当内向的人有志向投身某一项事业时，他会将全身所有的潜能都凝聚在一处，如汇聚山川河水，成就江海浪涛，这种力量将攻无不克，战无不胜。

那么，是什么能让人们排除万难，最终取得成功呢？

首先，隐忍的经历磨炼了他们坚强的意志力。青少年时期的不愉快经历，或者负面的遭遇，迫使他们将情绪压制下来，等待时机。在比较弱小、能力不足的时候，内向的个性使他们很难反抗，而这也就造就了他们超乎寻常的忍耐力和意志力。经过漫长的消化，一些负面的情绪反而能够与正面的意志力相融合，最后成为他们获得成功的力量。其次，深入的思考力是他们成功的关键。思考力是开发内在智能的重要力量，坚定的心智是他们走向成功的强大后盾。除了政治家，许多科学家、艺术家、作家的伟大成就都与他们内在智能的开发分不开。

第三，顽强的意志促使他们持之以恒。就像俗话说的，坚持就是胜利。古今中外有很多因此成功的案例，只要坚持，或多或少都能取得相应的成绩，尽管到最后不一定都圆满成功。内向者十分清楚自己的目标，并且会全身心投入。因此很多内向者可以卧薪尝胆，在困难和挫折面前一字不发，默默在心中积蓄着力量，等待实现理想的那一天。对于大多数性格内向的人来说，怎样才能使自己练就坚韧的心灵呢？

第一，注重深度学习。

不论自己的目标是什么，首要储备知识和积蓄能量。要想比一般人更成功，自然就要潜得更低，向深处挖掘知识。内向的人要保持谨慎和细心，吸收非凡的营养充实自己，把事情想得透彻，并善于做出明智的决定，完成一件事后再继续处理新问题和思考新点子。

第二，不轻易开口，但要言之有物。

在修炼"内功"的阶段，即使面对别人的试探或挑战，也不要轻易表露自己的内心。假如没有十足把握，自己还不够强大，轻率的举动只会为自己增加一次挫折。尽量完成详尽周密的计划，时常训练自己的谈吐和头脑，让自己的观点清晰、用词准确。

第三，适当"练兵"，总结经验。

当自己感觉准备得差不多以后，就需要检验本领了。就像经典理论所说"实践是检验真理的唯一标准"，内向的人为了实现自己的目标，需要勇敢出击。即使一次、两次、三次失败，也不用有太多负担。一鸣惊人固然理想，但毕竟是少数。世上大部分的成功都是从多次失败中吸取经验，在不断的尝试和修正中得来的，这也正是坚忍不拔的含义。据说喜欢单独训练的人往往更容易锻炼出精湛的技艺，例如在体育运动、乐器演奏和课业考试等方面。因此，他们在单独工作时会更有成效。此外，头脑风暴并不是产生好主意的唯一的方式，独立思考有时候会有更理想的效果。

第六节　善于倾听

听人说话，是人们习以为常的基本生活内容，每天只要和人交流沟通，必然会去听对方说话。对于现代社会的交际理论来说，听人说话存在不同的方式，往往真正善于倾听的人才能交到真心的朋友。

聆听、静听、倾听等，都是听人说话，不同之处在于听话人的行为表现和心理状态，这体现了专注和用心的程度。倾听更强调用心去听，甚至达到心与心连接的地步。倾听属于有效沟通的必要条件，然后才能去寻求思想感情的互通。

真正善于倾听的往往是性格内向的人，他们重视与交谈对象进行深入的交流，渴求真诚坦率的交流，希望切磋观点，形成默契。因为倾听的主体者是听者，而倾诉的主体者是诉说者。倾听者作为真挚的朋友，往往要带着虚心、耐心、善意为倾诉者排解情绪，提供意见。

在多数人的印象里，内向的人不善言辞，那是因为他们不愿意多说无意义的话。他们希望自己说出来的话语可以对对方有益，帮助对方解决问题或者舒缓情绪。假如做不到这一点，他们则认为话说得越少越好，因此才让别人误认为内向的人沉默寡言。

我有一对夫妻朋友刘力和他的妻子小佳，两人都有生活和工作的烦恼，本来这很正常。刘力就职于一家互联网公司，工作的内容主要是负责撰写舆情报告，还要更新一些网络公关部门的资料。他们每天都有指标，平时盯着网络，压力很大。由于互联网环境日益严苛，差错、遗漏在所难免。刘力有时会受到一些批评或指责，心里就会产生一些焦躁、烦闷的情绪，这时候他就想要找人聊聊天，于是他老婆小佳自然而然成了倾诉对象。

小佳非常清楚老公工作辛苦，其实也想安慰他一下，可每次两人的谈话都以失败告终。有一次，刘力回家后说："也不知道怎么回事，这个月的舆情汇报数据不稳定，领导总是说我看得不准，我一个人怎么看得过来！"小佳听了就说："哎呀，现在互联网的情况不总是那样吗？你不用总是为了这事烦心呀！反正你一个人精力有限，也解决不了！"刘力听后觉得小佳是在贬低自己工作能力差，心里就更觉得委屈，交谈只能暂停。一来二去，日子久了，夫妻之间的共同语言越来越少，刘力越来越觉得小佳不如结婚前那么理解体谅自己了，而小佳也觉得刘力有时候无理取闹，明明自己是好心相劝，他不但不领情，最后还反过来说自己不对。

作为他们两人共同的朋友，我每次都要听完他们两位的唠叨，然后再加以劝慰。他们也都很奇怪，问我为什么我一个外人反而能够理解他们呢？其实这都是倾听的作用。

外人作为旁观者，如何能知道他们两个人到底怎么想呢？只不过是跳出矛盾冲突的局面，站在朋友的角度认真倾听，站在对方的立场同情理解，给予支持而已。

一般人可能觉得劝说朋友哪用得着那么麻烦，只要想到办法直言相劝，一是一、二是二说出自己的看法，让对方照着这种方案去解决，就可以帮助朋友走出困境。事实上，这是一厢情愿、先入为主的想法，真正陷身困境的人非但不能平复下来，还会把情绪的矛头指向出主意的人。如果严重的话，还有可能争论起来，反而闹得不欢而散。那么明明是好心，问题出在哪里了呢？原因就是听人说话的方式不对，没有做到带着一种同理心去倾听对方的内心想法。

错误的倾听方式不仅会毁掉一段谈话，还会伤害原本和谐的情谊。就如同刘力和小佳，夫妻感情不断疏远，险些出现状况。内向的人一般出言谨慎，很容易成为一个很好的倾听者；作为朋友，他们重视友谊，也能为朋友考虑；再加上喜欢思考，最后提出的办法往往是真正为朋友着想的：这让朋友能够认同他们，并感受到他们的一份真心。所以，内向的人可以说是倾听的最佳诠释者。要真正做到善于倾听也需要非常细致和周全，切忌一些疏漏。

第一，不能盲目投入，以自己的感受判断。

内向的人容易受情绪感染，假如失去冷静，把对方的主题内容转移到自己有过的经历上，就容易得出不当的判断。比如我要是对朋友刘力说："确实，你这工作真是烦死了，要换成是我一天都不想干，马上辞职。"或者说："你那个算什么啊，你来我们公司试试，你才知道什么叫烦人。"刘力只是做一番情绪宣泄，希望得到鼓励性建议，并不是受不了真的要辞职，我要是带入个人对工作的抱怨，这样劝朋友显然只会让刘力的心情更糟。

第二，不要随意假定。

当对方说一件事的时候，听到一半就认为自己完全明白了对方的含义，就按照自己错误理解的去回应，很可能会让朋友生气。还有一种情况，你提前下了结论，认为对方的想法幼稚、不值得仔细去听，虽然你提出意见，但也是比较肤浅和草率的看法，这样也会让朋友感到自己被敷衍。

虽然性格内向的人一般重视朋友的倾诉和交流，但也需要注意一些问题，才能对症下药，成为一个值得所有朋友珍惜的知心人。

第七节　分析式思考

之前多次提到，性格内向的人都善于思考，有些人习惯深思熟虑，比如某一行业的专家、大咖。

客观来说，每个人讲话时都会思考，哪怕是很放松的闲聊都不例外。就像在聚会场合上，其他人见面了会一起谈天说地，聊一些娱乐性话题。内向的人有时候不爱说话，但他们的脑子并没有停止思考。就像学生时代每一次老师叫同学们发言，内向的人基本上都不会举手，选择沉默，但他们会一直思考老师的提问。若老师给了比较充足的时间，也许他们能给出一个准确而周全的答案。如果老师立刻点名让其回答，内向的人就会非常紧张不安，甚至大脑一片空白。

内向的人往往不是进行简单的思考，而是喜欢对一些内容进行各种角度的分析。好比他们会从一个话题延伸，去吸收与综合很多信息，在大脑里不断消化，直到感觉各方面都已经掌握，这也是他们"想得太多"的缘故。在擅长的事情上，内向的人显得很有准备。

比如前面举的课堂的例子，内向的学生都暗自用心对待重要的内容，记录老师在课堂上讲的所有知识点，下课以后还会反复思考，为考试做充分准备，这就是一种分析性的头脑。日后处理生活中和工作上的许多事情，他们都会沿袭这一方式。可以说，这既是一种性格特质，也是一种长期养成的习惯。

在工作中偶尔就能遇到一些性格内向的人，往往能够获得其他人无法预料的收获，分析性思考就是他们在生活中和职场上的成功因素。

一次，我去参加一个工作性质的聚会，邀请了一些合作

过的客户和可能有意向合作的客户，其中，章总就是公司市
场部准备接洽的一个设计公司客户。在一大群人中，不论是
公司答谢的还是尝试联络的，大家不管熟识与否都互相恭维，
天高海阔地谈论一些工作构想或东南西北地闲聊一些人生经
历。章总在他们中间饮酒、说话只是偶尔回应下，一般是点
头微笑，大多数时候都在安静地听其他客户说话。如果换到
另一桌人中间，他也是听别人说话，依然是最低调的那一个。

　　等到其他客户答谢介绍完毕，公司邀请这个潜在客户章
总上台说两句，他这才站起身，上台感谢这一次聚会邀请。
原本我方公司举办的整场活动，对章总来说只是礼节性的应
酬，可以参加也可以不参加，何况他也不是很熟悉这一环境，
但他来到现场以后，非常细致地留意在场的人士，最后他的
讲话照顾到了所有人，感谢了很多人，让每一个人都把他当
成了自己的朋友，非常珍惜这一次交流。

　　尽管章总讲话开始也有一些紧张，但随着热闹的氛围沉
静下来，全场人都开始安静倾听，于是他越来越自信，语言
组织条理清晰，态度客气温和。等他讲话完毕，台下掌声雷
动，大家对这个不到四十岁的年轻人赞不绝口，最后公司把
章总列为非常重要的长期合作伙伴。

　　这一类内向的人不论与朋友交谈还是与工作客户交谈，都

非常在意对方的话语信息。他们会谨慎分析相关的内容，也会结合自己内在的想法，思考如何进行有效对接，顺利交流。他们很在意对方的感受，就像章总，哪怕一开始并没有合作的关系，但他也非常有心地照顾到了大多数人的心情，最后以自己的真诚和表现，恰到好处地赢得了大家的关注和尊重。

这一类性格内向的人一般很善于分析，经过酝酿的谈话内容也显得很有深度。尤其是关于职业方面的信息，哪怕是在一些他们并不感兴趣的社交场合，一旦触及启发他们的细节，他们也会陷入思考。如果真以为内向的人不善言辞、不懂交际，那就是误会了。其实，他们只是进入了另外一种"行为模式"，正在酝酿一些不错的想法，包含寻常反思中没能及时记录的信息，又或者是一些平时很少接触的内容。在交谈和聆听中忽然被激发出来，使他们打开了另外一片值得探索的天地，因此忽略了周围的人群。

内向的人如果能够妥善运用分析式思考，可以获得意想不到的成功。但是，需要注意的地方也不少。

第一，分析思考注重质量而不是数量。

尽管内向的人大都喜欢有深度的谈话，因为这样能够起到很好的效果。但如果想培养分析交流的能力，就要不断提升自己的交流经验，慢慢扩大生活圈子。通过分析思考获得成功需要长久的坚持，也需要一点儿巧合的幸运。也许这样的机会不多，但他们的谈话比较透彻，成功水到渠成，刻意去追求，可能会适得其反，给内向的人徒增迷惑和困扰。

第二，利用独处加强分析式思考能力。

内向的人原本比较珍惜独处的时光，他们习惯在安静中为自己增添正能量。在自己独处的机会里，尝试提升分析和思考的能力是最好不过的方式。去健身房锻炼或去书店看书也是另外形式的独处，因为周围的人群也都抱着和你相同的目的，你和他人志同道合但又不会受到打扰，这是内向者和内心对话、提升自己的理想时机。

第三，谨慎交谈。

人与人的交往中，言谈说话小心谨慎是公认的优秀品质，这可以将矛盾误会的概率降到最低。内向的人一般都习惯三思而后行，万一遇到剑拔弩张的矛盾也能尽量保持平静。也许有人觉得他们显得木讷，但正是这种沉稳的性格，能让他们和朋友交往时处处保持分寸。

第八节　永不停下追逐的脚步

很多人都知道，拥有"喜剧之王"称号的周星驰从小就是一个非常内向害羞的人。但是，当演员却是周星驰一直以来的志愿，他从没有因为性格方面的困难放弃追逐梦想。《喜剧之王》中那个面朝大海高喊"努力！奋斗！"的尹天仇，就是周星驰本人的化身，他永远为生活在底层的小人物代言。

周星驰从小家境贫困，生活在单亲家庭。小时候，他也很顽皮，母亲凌宝儿对他很严厉，虽然这分严厉是出于疼爱，是为了教导他走正路。后来周星驰通过上艺人培训班进入了影视圈，虽然认识了很多朋友和同行，但他依旧要从龙套演员做起。周星驰没有放弃，更加努力地去争取和把握机会。为了能够引人关注，他在表演中刻意去表现夸张的行为举止，通过非常夸张的方式逗乐观众，终于成为人所共知的"无厘头"喜剧明星。

随着自己的走红，周星驰也越来越在意别人的观点和看法，同时他也坚守着自己的目标。周星驰一直牢记着自己做演员的初衷。所以，他工作中的孤僻和严苛都是出于他内心对理想的执着，但并不是每一个交往与合作的人都能明白他。

例如，与周星驰合作《大话西游》的导演刘镇伟说："他经常被人误会扮大牌耍酷，其实他是一个非常害羞的人。拍《大话西游》的时候，我见过他拿着扫把跟工作人员一起扫地。有次收工想跟我谈戏，还偷偷往我酒店房间门下塞纸条。其实星仔平时害怕接触陌生人，不够主动，所以容易被人误会。"当时周星驰三十多岁了，已经红了很多年，却还是这样。

吴君如跟周星驰早年在无线培训班就认识，两人都还没红的时候就合作过。吴君如跟周星驰的关系没有像其他人认为的那么紧张，吴君如评价说："他只是要求比较高，并无恶意，但这种性格是很容易得罪人的。"

其实，周星驰这种对理想特别执着的人，对自己和别人的要求都很高，正体现了典型的艺术家气质。从进入影视圈开始，他就梦想成功，甚至还要做最成功的那个。为此，周星驰渴望一切机会，也努力把握一切机会，为自己的梦想努力奋斗。周星驰的确可以算是底层人物奋斗成功的典型代表了。

还有一个内向的人特别坚持梦想，那就是国际知名导演李安。

李安，毫无疑问是非常有才华的导演和编剧。他从小喜欢电影，很想投身这一行，上中学的时候就试着编话剧，还组织一群同学到家里排练。他的父亲是一所中学的校长，属于严肃传统的那一类家长，一度对李安的兴趣爱好很不满意，以至于父子关系渐渐疏远。

因为李安有编剧和导戏的兴趣，因而忽视了学业，高考没有成功。他选择了艺专学校的影剧科专业，继续编导戏剧，还主动演出。尽管李安的性格内向，但他在喜爱的专业领域内并不沉闷。他和同学聊戏剧，从东方古典到西方现代，表现得非常健谈，也很受人喜欢。之后李安前往美国伊利诺伊大学学习戏剧导演专业，两年后取得了学士学位并拍摄了一部毕业作品。回到中国台湾以后，电影业在当时已经非常不景气了，李安整整六年一事无成。这期间他结了婚，也尝试过其他工作，主要都和文学艺术有关，也和他的爱好有关。像绘画、小说、戏曲、声乐甚至跳舞他都尝试过，虽然这些都没有为他找到出路，但却为李安后来的电影事业提供了支持和帮助。[①]

在那令他锐气磨尽的六年中，他把其他所有可以尝试的事情都做过了一遍，然后他发现："我真的只会导演，做其他

---

① 本节李安的事迹参考自《十年一觉电影梦：李安传》，张靓蓓著，中信出版社，2013年出版。

事都不灵光。"他的妻子林惠嘉是李安在美国的大学同学，而且是生物学博士。那期间完全靠她一手操持家里，帮李安挺过了最无助迷茫的时期。据说李安回忆当年苦闷的日子时，曾调侃过"要是真的无法成功的话，作为一个男人都应该切腹自尽以谢天下了"。最后，李安把对生活的所有体验融入了第一部电影《推手》，展现了儿子与父亲的疏远隔膜和东西方文化的差异。这部电影为李安赢得了 40 万元奖金，也是他获得的第一次独立执导影片的机会。众所周知，李安梦想成真，《推手》荣获了金马奖最佳男主角、最佳女主角及最佳导演评审团特别奖。此外，该影片还获得了亚太影展最佳影片奖。

生活中不论我们自己多么渺小，每个人从小到大，在不成熟的阶段也好，成熟阶段也好，都有过一些梦想。有些梦想可能不切实际，有些梦想却是可以通过不懈努力达成的。性格内向的人，内心的那一份执着比其他人更加强烈。那么，大多数普通的内向者，应该怎样坚持自己的梦想信念呢？

第一，先培养一个习惯。

细节决定成败。性格内向的人一般都注重细节。坚持梦想往往可以从小事做起，持之以恒地做好一些小事，那么，追逐自己的梦想就不至于有太大的问题。

第二，需要有顽强的意志力经受挫折。

敢于追梦的人，几乎没有谁可以一帆风顺，失败的打击是家常便饭，这对历史上那些伟大的名人来说也不例外。内向的人往往对于经受挫折比较抗拒和恐惧，这是影响他们通向成功的最大主观障碍。但是他们拥有顽强的意志力，只要坚持下去，相信一定能克服这种障碍。

第三，需要选择正确的方向。

有一种成功学观点认为："选择比努力更重要。"选择意味着你的努力方向是否正确，假如方向错了，人生的道路就可能南辕北辙，离目标和成功越来越远。所谓梦想，极有可能是好高骛远，不切实际。

第九节　你的痛，我感觉得到

内向的人一般都有惊人的洞察力，他们外表上可能寡言少语，但往往言之有物。因此，他们的意见和声音更容易被他人认可。

　　曹雪芹笔下的贾宝玉和林黛玉，都是经典的内向性格。他们两个心意相通，处处体现了站在对方的角度所思所想的性格特质。尽管读者时常会觉得他们"想得太多"，但这都是因为关心则乱。当然，有人可能会认为，宝玉和黛玉是一对前世有情缘的恋人，关系非一般人可比。但是，曹雪芹出色的艺术塑造力使他的作品不会有肤浅的人物设定，他笔下的主人公性格是非常有真实感的，宝玉和黛玉两人的内向性格绝非凭空杜撰。

　　以贾宝玉的人物形象来看，他对府上女孩的关心都是发自内心的，不论是千金小姐还是身边的丫鬟，这体现了他极为真诚的天性。最典型的有两处：一个是因为不谨慎，宝玉和母亲王夫人身边的丫鬟金钏说悄悄话，惹王夫人生气。王夫人认为金钏勾引宝玉，逼得金钏跳井死了。宝玉的内心非常愧疚难过，连身边侍奉的书童茗烟都看出来了。有一次，宝玉到寺庙偷偷上香祭拜，不敢直说是为谁，茗烟却上前主动跪拜，替宝玉说了心里话。

　　另外对于晴雯的死，宝玉也觉得非常难过，希望晴雯死后能成为化神，述写了一篇《芙蓉女儿诔》。他以细腻优美的语言赞美晴雯高洁的品格。这些都是宝玉能够不顾忌身份差别，主动站在对方角度所思所想，达成的某种移情效果。

　　而黛玉更是一个身世孤苦、内心十分敏感的人。但她的品质和晴雯一样高洁，一片纯真。虽然她与宝玉的关系处处暧昧，有时会猜忌宝钗。但后来宝钗对她示好的时候，黛玉还是当宝钗如亲姐妹，根本没有顾忌。黛玉同湘云也是如此，湘云说起家里的情况，黛玉感同身受，两人写诗连句非常默契。还有黛玉对香菱这个苦命丫鬟也是一片真诚，教她写诗也从不摆出小姐的架子。原本香菱是薛家的丫鬟，宝钗明明会写诗，却恪守礼教认为这是"不务正业"，不肯放低姿态教她。黛玉爱诗如命，学问也极高，却对香菱非常认真，并希望她循序渐进，最后香菱写出不错的诗句，黛玉也很自豪。

　　性格内向的人站在对方的角度，对别人的喜怒哀乐经常感同身受，替别人着想的品质是非常突出的。他们常常设身处地地为别人着想，不管是与好朋友交换思想意见，还是与同事相处共事，都可以取得非常好的效果，成为对方值得信赖和倚重的知心人。

　　好比贾宝玉憎恶仕途经济，袭人和湘云有时稍微劝他结交或应酬一下达官显宦，宝玉就非常生气不满。他不屑于同那种话不投机的人交往，但宝玉绝非一个冷漠无情、不会打交道的人。例如宝玉对着薛蟠这种纨绔子弟一样可以有说有笑，同柳湘莲也能交往，甚至与妙玉这种完全避世的"槛外人"也可以交心。宝玉显然并非冷漠的人，他在自己的交际空间里可以非常畅快欢乐地与人沟通。

内向的人在思考的时候会非常安静，贾宝玉、林黛玉都时常有"入神""发呆"的时候，他们不会去打扰别人，也不喜欢别人干扰自己，他们会专注于做某件事。同别人交流的时候，他们也一样专注认真和耐心细致，哪怕在细枝末节的事情上，都会同对方产生强烈的共鸣。

一次贾宝玉从大观园路过，遇到天快下雨，想要赶回住处，却听到蔷薇架下有人在哭。宝玉凑过去，见到一个丫鬟背着他用簪子在地上反反复复地画字。宝玉很好奇，照着那丫鬟的笔画跟着在手心上写，发现她画的是一个蔷薇的"蔷"字。宝玉起初还认为她是要写诗，在揣摩字句，但她画了很多遍，单单就是一个"蔷"字。宝玉一下就被她的举动触动内心，心里想："这女孩子一定有什么话说不出来的大心事，才这样个情景。外面既是这个情景，心里不知怎么熬煎。看她的模样儿这般单薄，心里哪里还搁的住熬煎。可恨我不能替你分些过来。"最后天上下起雨了，宝玉和那个丫鬟龄官都没有察觉，等宝玉提醒她时，龄官也以为是一个路过的丫鬟，还说："多谢姐姐提醒了我。"[①] 原来这个龄官偷画的是心上人贾蔷的名字，她是贾府请来的戏子，和管理戏班的贾蔷心生爱意，但贾府规矩森严，绝对不允许府里人和戏子有感情，所以心事无法诉说，只能偷偷写心上人的名字。

这一幕只是《红楼梦》中非常闲散的一段小情节，但曹雪芹用"点睛"的笔墨写出了两个人物的"痴"态。龄官和宝玉都属于内向性格，他们对待别人都能产生某种感同身受的"移情"效果，非常传神。这样的人就是能真心地站在对方的角度所思所想，关心记挂别人的"知己"，他们往往把对方的感受看得比自己的还重。

今天的生活中，不可能指望身边出现贾宝玉或林黛玉那样的人物。多数性格内向的人，都有一些类似的独特品质，只是各人的表现各不相同，有的能做得比较好，有的可能很一般。从生活中交往的细节来看，有些人很会为他人着想。比如他们有事找人帮忙，出于尊重礼貌，通常选择发文字消息，而不用语音，他们会考虑人家在忙，可能不方便听。这就是看似非常细枝末节，但不一定人人都会注意留心的细节。

①见《红楼梦》原著第30回"宝钗借扇机带双敲 椿龄划蔷痴及局外"。

内向性格者的这种处事方式和一般人不同，尽管今天许多社会交往理论都建议多替别人着想，鼓励人们同别人相处时要带着"同理心"。一些圆滑的人凭借出色的交际能力，看似在这方面游刃有余，实则言行举止中处处透着"套路"。反之，性格内向的人一向真诚"交心"，他们可能比较慢热，也可能比较笨拙、不善言辞，甚至回应比较缓慢，但他们却是真心诚意地为别人思考，真正设身处地地为对方权衡过后才表达的。内向的人不愿意进行敷衍的交际，所以，他们的真诚不是"演"出来的伪善，他们作为朋友和知己是能令人交际对象非常愉悦的。

那么，如何在生活中提升自己为人处世的能力，让自己能够合情合理地站在对方的角度着想，让自己的交流方式更加有同理心呢？不妨从几个角度改进自己的交流方式。

第一，顺应对方的思路，并要"入戏"。

同一个人进行交流的时候，对方在对你非常信任的情况下才会滔滔不绝地吐露心声。因此，作为倾听者，不能试图敷衍，要顺着对方的话题，全身心投入，既不能轻易扰乱对方的思路，也不要只是一味地回答"嗯嗯"，需要积极地互动。

第二，进入对方的情境，促进有效沟通。

积极的互动需要触及对方的思想，不是拧开水龙头，就任由对方宣泄，也不是像挤牙膏一样，试探和刺激对方的思维。而是应该站在对方的角度进行沟通，这样才能更好地促使对方表达其真实意图，甚至可以帮助对方找到解决问题的方案。

第十节 思维和想象力自由飞翔

有些性格内向的人，其力量的源泉在内心。内向性格者的思维世界异常广阔，想象力也十分突出，很多文学家、艺术家和科学家因此取得了惊人的成就。

凭借思维的发达和想象力的肆意发挥，他们敢于不断创造，在内心的世界无所谓成败得失。通过一次次创造，可以由小变大，由真实变虚幻，由古代变未来，由地球变宇宙，由天空变海底，这种思维活力和创造力是无限广阔的。

著名的《哈利·波特》系列书籍作者 J.K. 罗琳就是一个

性格内向的人。[①] 她是一个从底层奋斗出来的作家，没出名的时候她住在一栋很破旧的房子里，身上没有一分闲钱，甚至要依靠政府救济金过日子。过于单纯天真，脑子里充满幻想，成天想着当作家的女人，似乎太不切实际。于是，丈夫抛下她和刚刚出生三个月的女儿离婚走了。那一刻对已经年近三十岁的罗琳来说几乎是世界末日。为此，她想过自杀，但她还有刚出生不久的女儿，所以不能一死了之，支撑她的除了自己充满想象力的头脑，还有什么？

　　罗琳交不起暖气费，就跑小咖啡馆看书和写作，据说当时她身边常带着的书是托尔金的《魔戒》。有时连咖啡馆也去不了，她就去火车站、地铁站，总之只要是人多温暖的地方她都能待很久。所以，我们在《哈利·波特》的故事中看到，哈利出生不久就失去了父母，地铁、火车是通往另一个世界的窗口，这些几乎都来自罗琳的亲身经历和支撑她的动力源泉。

　　罗琳是个很善良感性的人，她用一直喜欢的文字和天马行空的幻想，找回了真实生活的意义。虽然《哈利·波特》

---

① 本节关于 J.K. 罗琳的事迹参考《哈利·波特的"母亲"——J.K. 罗琳传》，康尼·安·柯克著，桑蕾、程芳译，九洲出版社 2005 年出版。

是一个奇幻的魔法世界，但充满了亲情、友情的温暖。失意，往往是人生的开始。最困难的时候，也是最能让人清醒、最能激发潜力的时候，不光是哈利·波特的经历给人这样的启迪，作者罗琳的经历何尝不是如此呢？罗琳没有在生活濒临绝望的时候选择放弃，而是咬紧牙关为了女儿挺了过来，并且依然心存美好。童年时在林子里游玩的经历、一次旅行途中在火车上遇到的小男孩……生活中的林林总总，点点滴滴，不断启发着她的思维。

J.K.罗琳坚持自己的选择，她可以在文字中找到飞翔的感觉。她的《哈利·波利》系列故事光怪陆离，书中的魔法世界让人惊叹，各种神奇动物，各种魔法道具，各种善良和丑陋、正义和邪恶……她笔下的人物栩栩如生，深入人心。

《哈利·波特》书稿在英国一经出版就产生了很大反响，罗琳还获得了儿童图书奖。直到 2001 年，美国华纳电影公司将哈利·波特的故事拍成电影，全世界大部分地区都知道了她创造的"魔法世界"。她的作品终于风靡全球，同时她也获得了从未想象过的荣誉，成了世界上最富有的作家之一。J.K.罗琳在面对媒体的采访时，从不忌讳那一段颓废的时光，她说："我度过了一段真正艰难的时光，我非常骄傲我能脱离那种生活。"

　　所以，罗琳的真实经历可以给许多内向的人提供借鉴。大多数内向的人都善于从事文字工作或者艺术类事业，他们擅长构思，有时候会把自己的人生理想在内心中描绘成蓝图。正如罗琳后来在哈佛大学演讲时提到想象力的重要性："想象力不仅仅是人类设想还不存在的事物的独特的能力，为所有发明和创新提供源泉，它还是人类改造和揭露现实的能力，使我们同情自己不曾经受的他人的苦难。"

　　但是，内向者必须付诸行动才能使脑海中的想法发挥价值。他们的艺术细胞源于深刻的内心体会，他们对这个世界深刻的洞察力，必须能够回馈现实，给人震撼与感动，帮助某些人，甚至是大多数人。否则，再高深的思维都会在物质实践面前显得浅薄，只能停留在空想层面的思考没有价值。

　　有深度的思维，可以用最真诚直率的方式表达出来，这样不论是虚幻的还是非虚构的表达往往都不会太差。不仅仅是充满幻想色彩的《哈利·波特》，描绘现实社会的川端康成和三岛由纪夫的小说，也都是非常细腻和震撼人心的文学作品。虽然是现实向的作品，但他们优美的文字中依旧包含着动人的想象力。

　　这种想象力思维有没有学习的可能性呢？抛开天赋层面，其实内向的人也有提高思维想象力的方式。

第一，多去积累艺术经验。

思维方面的能力往往根植于人生的经历，不论哪一位艺术家或作家，都离不开丰富的经历与感悟。只要发挥内向者的坚持和毅力，充分开发自己的思维，或多或少都能有所帮助，但最本质的还是积累见识。

第二，保持童真的心灵。

好莱坞大导演斯皮尔伯格，尽管已经年过七旬，但依然可以保持一颗童真的心态，他制作的与游戏相关的科幻电影《头号玩家》风靡全世界。所以，只要保持一颗童心，对任何事物都充满好奇，并留心观察，就可以获得灵感、启发想象。

第三，敢于尝试，获得自信。

作为一名内向者，应当多去当众讲话，多去与人交流。虽然有时候会郁闷和不习惯，但尝试越多，想象力的刺激才会越多，成功的基础才能更为坚实。

还是那一句老话，不论自己是否是下一个 J.K. 罗琳，也不论自己的性格到底是内向还是外向，想要生活过得有意义和充实，都应该扩大思维的广度，为自己插上想象力的翅膀。如果内心充满忧虑和困扰，局限在某一个狭窄的领地，思维就容易困守在牢笼中，无法获得新的经验支持，人生的前途自然难以开启。所以向前一步，心灵和头脑才会海阔天空。

第十一节 内心住着广阔的世界

性格内向是一种与生俱来的特质，原本无所谓对与错，好与坏。

内向的人一直都喜欢独处带来的舒适感，很少交际应酬，但并非因此缺乏对外界的认知和判断。实际上，内向的人对这个世界非常关注，心中的天地非常广阔。他们虽然喜欢一个人在家里，不大喜欢外出，但会观察生活中的种种细微之处，进行自省与思考，这也是针对外部世界的一种探索。看起来，他们应对社会事务时十分笨拙，但实际上他们只是不想在自己不关心的问题上多浪费时间。他们一直在内心中为自己设立种种挑战，默默地朝着自己的目标努力，虽然背后的汗水不为人知，但他们依旧故我，从不停止思考和行动。当然，有时他们的这种人生态度也会有负面影响，例如过于同自己较劲，容易钻牛角尖。内向的人并非真的不敢走出去，也不是没有应对难题的勇气，"运筹帷幄之中，决胜千里之外"，恰恰是对这一类人最好的形容。古今中外这样的例子非常多，最符合这一评价的当属诸葛亮了。

三国时期蜀汉的丞相诸葛亮，年轻时隐居襄阳隆中，一边务农一边思考天下大事，静静等待时机。诸葛亮一直自比春秋战国时期的名人管仲、乐毅，许多长辈好友都看好他的才能。庞士元、司马徽、徐庶等人皆以"卧龙"比喻诸葛亮有非凡的才能。与诸葛亮齐名绰号"凤雏"的庞统早早就出山了，他选择去江东帮助年轻的豪杰周瑜。但诸葛亮一直待在隆中观察局势变化，直到落难荆州的刘备找上门来。

诸葛亮虽然本领很大，但他一生谨小慎微，号称从不弄险。事实上诸葛亮也是一位性格内向的人，他曾经长期隐居避世，除了躲避战乱外，其实也有不喜欢结交应酬的缘故。只有与有相同爱好和理念的三五好友在一起时，诸葛亮才能无话不谈。因为他们全都是见解非凡的高人，能够与诸葛亮互相促进。所以，诸葛亮前期虽然隐居隆中，但他的目光却放在天下大事上。

诸葛亮的亲友大都在荆州一带，这里为当时南来北往的中心，相对安宁，人才荟萃，信息渠道相对发达。诸葛亮的姐姐嫁给刘表谋臣蒯越为妻，他的大哥诸葛瑾、好友庞统都在江东，还有一些好友经常出游，他们都能够给诸葛亮带来时局变化的消息。隆中比较安宁，没有战祸纷争，便于诸葛亮安静思考，谋划将来。诸葛亮的师友都是各种人杰，与他们交流沟通，也是在锻炼自己思维和见识。

当刘备求贤若渴、三顾茅庐的时候，尽管诸葛亮是等到第三次才与刘备见面，但实际上他早已经做好了谋划和考量。"隆中对"一番侃侃而谈，诸葛亮足不出户就把天下大事分析得一清二楚。对于刘备来到荆州长时间非常担忧的出路问题，诸葛亮为做了最切实际的谋划，令刘备、关羽、张飞三人茅塞顿开。刘备真诚相邀，内向的诸葛亮难以拒绝他的真心。刘备为汉室后裔，渴望中兴汉朝天下的理想，的确符合诸葛亮施展平生抱负的志向，因此，他才决定出山。

之后诸葛亮把握机会，亲自与鲁肃下江东为刘备联合孙权。《三国演义》小说中写诸葛亮舌战群儒，一一驳斥江东的文臣，还当众说服孙权，这都是对其谋划的考验。诸葛亮按照"隆中对"的方案，用深思熟虑的抵抗曹操的策略，说服了鲁肃、周瑜、黄盖等一众不甘心投降的江东豪杰，最终使得孙权答应联合刘备共同抗曹。

先说服刘备同意他对未来发展的规划，然后说服孙权与刘备联合，抵挡曹操吞并南方，最终为实现三分天下而奠定基础。若从诸葛亮自己实现抱负的角度而言，从诸葛亮答应辅佐刘备到帮刘备当说客，对于初出茅庐的他来说，实际上是经历了两次极为重要的"面试"。实现孙刘联合，正是他酝酿已久的预想方案，因为诸葛亮经过多年对天下大事的仔细分析，包括对当时各地军阀的一一了解，仔细考量了刘备和孙权谁更加符合他的要求，最后他才定下了帮助落难在荆州的刘备，拉拢有相当势力的孙权作为盟友的计策。显然，诸葛亮顺利成功了。

内向的人掌握外部世界的途径和方法有自己的特点。诸葛亮在一千多年前都能通过自己的方式了解整个天下局势，甚至各地军阀的为人品性；今天21世纪的人们处于信息爆炸的年代，对全世界的了解更是不在话下。所以，只看内向的人是否爱好交际并不实际，他们对生活与事业的未来有自己的准备与考量，一旦时机成熟，他们自然会跨出来，迈向属于自己的世界。

那么，今天内向的人如何找到属于自己的广阔天地呢？

第一，通过与志同道合的朋友交谈，更深入地了解自己。

俗话说，同人交谈如同照镜子。内向的人真正深入交往的一般都是非常要好的朋友，那些了解自己的人。通过和朋友沟通，他们可以摸清自己的思想，也可以观察自己的劣势。不论爱好、职业还是未来方向，有别人的优点作为参照，自己也会清晰地知道该如何调整。

第二，内向不等于足不出户。

适当外出旅游，参与一些自己感兴趣的户外活动，都是内向的人了解外部世界，进一步思考人生或社会的方式。在特定的环境下，他们可能会比较放松，通过同外部世界的接触，内向的人可以更加清晰地改善自己对前途的规划。

第三，适当训练，抓住机遇。

有一种很现实的观点：机会是给有准备的人的。不论内向还是外向，当找到自己的人生目标，需要勇敢前进的时候，必须要有充分的准备迎接挑战。当需要勇敢地把握机遇的时候，内向的人可能会感觉紧张不安，对此，他们可以在适当的时候提前训练预备，全身心做好应对困难的准备。

其实内向的人，一般都会琢磨多种应对之道。即使出现一些失误，也并不是对个人能力的极大否定，而是意味着成长机会的到来。只要能不断地从中学习，就一定可以顺利地迈出那一步，成功找到属于自己的世界。

第十二节　一直很安静

性格内向的人需要独立思考的空间，这从很多人小时候就体现出来了。

好比一些亲友到家里做客，若是不熟悉的话，小朋友就会立马躲到自己的房间，这被家长视为害羞怕见人，有时候还会被一些大人误认为不礼貌。其实，这是内向的人具有的一种非常普遍的特质。他们喜欢安静独处的私人空间，这让他们能够感到安全和舒适。对于比较熟悉的小朋友，或者关系要好的同龄兄弟姐妹，他们一般都会很亲近，一起玩耍淘气，毫不羞涩。

内向的人更喜欢安静独处，即使有时出门在外，他们也偏好选择安静的环境待着，如图书馆、咖啡厅、茶馆包间等。总之，是能让自己长时间待下去的安静地方，方便他们做自己的事情，比如看书、用电脑工作或者同关系密切的朋友聊聊天。

十分喧闹的 KTV 或者人多嘈杂的聚会、演唱会，内向的人一般都不喜欢。在那种环境下他们会觉得压抑难受，他们会想找一个地方呼吸新鲜空气。内向的年轻人，如今最害怕的可能就是逢年过节的时候和亲戚吃饭聚会。家中长辈召集一堆亲友聚在一起，表面上大家热热闹闹难得一聚，可话题经常让年轻人不舒服，统统都是谈论前途、工作、婚姻、孩子……这种家庭聚会的场面非常令人尴尬，会让性格内向的人抗拒反感，甚至连参加都不想参加。可碍于亲情层面，这种聚会又很难推辞，因此，内向的人往往十分痛苦难受。

喜欢独处除了有某种天生因素外，还是因为安静的环境的确能帮助他们冷静思考，修身养性，陶冶情操。这有助于个人的成长和心理上的成熟稳重，很多内向的人都很有魅力，例如迷倒万千少男少女的梁朝伟、金城武等都是性格内向腼腆的人。

梁朝伟是出了名的沉默寡言、不善言辞[①]。父母离婚使童年的梁朝伟心里受到了巨大刺激，变得不爱说话，内心充满自卑感，性格也越来越内向。读书上学他基本都一个人独来独往，在学校也没心思结交朋友，最后连学都不爱上了。

梁朝伟因此变得非常敏感多疑，一旦有同学提到家庭，他就会非常暴躁，还和同学打架。他也非常不喜欢这样，最后索性离开了学校。那时候，梁朝伟只有十五六岁，正值青

---

① 本节梁朝伟事迹参考《男人梁朝伟》，叶涛著，北岳文艺出版社 2005 年出版。

春期，逆反心理很重。为了生活，他几乎什么都做，比如摆地摊卖货、商店售货员、推销员、报童。

那些临时性的工作性格内向的梁朝伟每次做都不长久。在街上混迹了两三年后，他被一个非常想当演员的朋友拉去电视台的演员培训班参加考试，这个朋友的性格与梁朝伟非常相像，他就是众所周知的周星驰。

电视台的艺人训练班前前后后出来的大明星几乎占据了香港演艺圈的一大半，可以说星光璀璨。梁朝伟与其同时期的刘德华、黄日华、苗侨伟、汤镇业一起，被公认为20世纪80年代影视界当红的"无线五虎将"。

梁朝伟自小就喜欢安静独处，学习成绩一直很优异。如果不是因为童年的家庭变故，他根本不会中途放弃读书。在电视台训练班时，他同样被老师认为极有天分，并被多次称赞。1984年，梁朝伟出道第一部戏就同刘德华合作了重头的金庸剧《鹿鼎记》。在演电视剧时期，梁朝伟几乎没演过配角，全是男一号。而影迷都知道，周星驰、刘青云、吴镇宇这些同时期的明星，都曾在1983年版的《射雕英雄传》中当过龙套演员。

对于性格内向的人来说，喜欢安静并不意味着无法适应社会，无法获得表现的机会。敏感的心思和钻研的思维能够帮助他们做好充分准备，一旦遇到机会就能够更好地把握。这样的人也并不是不能够与人打交道，就像从艺三十多年里，与梁朝伟合作过的人成百上千，几乎都对他没有负面的评价。

梁朝伟虽然沉默寡言，却是一个非常注重细节、情商极高的人。据说不善言辞的他如果惹刘嘉玲生气，还会给她写道歉卡片。有一次，刘嘉玲参加《女人有话说》节目时提到他们家里有一个柜子，装了一大沓梁朝伟的道歉信。每次因为什么事惹她生气了，梁朝伟就写一封道歉信。这是梁朝伟出于性格因素，善于注重细节的行动体现，主动道歉，既可以哄老婆开心，又显得自己大度、浪漫。

喜欢安静的内向者应该如何提升自己的情商呢？

第一，用心获得安宁，投入某一领域。

内向的人喜欢安静是因为这样可以让自己做好某一件事，思考一些问题。这种感觉能够帮助他们完全投入，提升自己的专注力，训练自己的思维。一旦没有安静的氛围，心思就会浮躁，在生活中和职场上都会很被动。对此，应该学会调节情绪，让自己无论处于什么环境中都能专注内心，不要过分依赖客观环境。

第二，避免过分焦虑。

内向的人在安静的环境下，容易发挥自己的创造力。但环境的安静不是目的，让内心保持安宁才是通向成功的方式。如果因为某种压力和情绪感到焦虑不安，一味寻求安静的环境放松，这只是一种治标不治本的方法，事实上自己的内心并未获得真正的充实与平静。总是依靠外界影响，而没有强大的精神力，是没有办法改善自己性格的。

第三，不刻意求得回报。

保持心绪安宁、平静听起来像一种宗教禅意的生活方式。内向者心思容易受到外界的扰动，想要达到宠辱不惊泰然自若的境界，就需要不断历练。坚持走自己的路才能真正带来力量，反之，无法获得平静的内心，又如何获得成功的能力呢？

PART3
内向，开启更广阔的未来

1 第一章
从心出发，点燃内动力

第一节 定个小目标，重建自信

当今社会是以商业经济主导的外向型社会，推崇竞争与合作，侃侃而谈的外向者获得成功似乎更加容易。但是，内向的人并非不能通过自身潜在的优势走出另外一条路，人生也不会限定只有性格外向的人才能获得成功。

性格内向的人需要跨出的第一步，就是坦诚面对自己，不去艳羡他人。通过认真的思考，接纳自己喜欢独处、喜欢安静的特点。他们可能不大擅长参加聚会，不喜欢与陌生人交往，当充分了解了自己的长处和短处，就不会刻意强调自己性格的负面，然后才能思考如何让自己更好地融入现实社会。

　　自信是人生发展的奠基石，拥有自信的人不仅人格更为完善健康，在自我事业的发展中，他们也会较同龄人表现得更为出色与优秀。中国古话说"自知者明"，内向的人大都深知自己的缺点，但往往无法意识到自己的优点。他们一般很难把优点同外界的生活和工作联系起来。这种对自己和外界之间不准确的判断，心理学上有一个名词叫"虚假独特性"。为了增强自我形象，我们常常表现出这样一种奇怪的倾向：过分地高估或低估他人会像自己一样思考和行事。

（一）自信需要客观评估自己

　　为了体现自信，对自己的能力过度夸大或者陷入假性谦虚，都无益于人格的完善与发展。自信一般是针对过去的经历，能够看清自身的价值所在，同时也能了解个人的缺点和不足。自信的人对自我的认识是完整的，而不是片面的。

　　性格内向的人要想树立自信应该将他人的优势与自己的进行权衡。既要懂得欣赏他人，也不刻意贬低自己，在心理平衡方面需要特别慎重。自信的人对他人的欣赏与尊重是发自内心的，同时，他们也会希望以平和的心态和他人交流学习，并能够以正确的眼光看待每个人的优点，通过取长补短获得成长。内向的人可以通过观察、交流深入他人的内心世界，以客观的心态同别人分享经验，互相激励，以真诚的态度获得别人的认可，这样才能提升自己的自信。

为了获得自信，有些人会误认为必须要学习性格外向的人，通过种种方法变成外向者，这又是另外一个误区。

有这样一个寓言故事。有位农夫养了一头驴子和一只狗。驴子每天随着主人早出晚归辛苦工作，但是总讨不到主人的欢心。而家里的那只狗，只需每天守在家门口，到了晚上在主人回家时摇头摆尾，主人就会开心地抱起它，还把好吃的留给那只狗。驴子心里实在不痛快，决定要改变自己，它开始向狗学习，白天装懒呼呼大睡，守在家里不肯出去工作。等到主人晚上回来时，它则精神大好，马上扑上前去，像狗一样舔主人。驴子的行为不但没有让主人喜欢，反而让主人以为它疯了：不工作也就算了，现在还来攻击我！于是主人拿了猎枪，扣下扳机。无知的驴子，无辜地一命呜呼了。

显然，这个故事说明每个人都有自己的本性，需要用理智的心态面对自身的不完美。内向的人有时候需要改正一些个人问题，但过犹不及，没有必要强行改变自己的性格，这并非真的适合。

　　我的一个中学老师和我们说过自己的故事。这位老师原本不善于与人说话，读师范学校时，她只是想着当老师工作比较稳定，还有假期。要当众滔滔不绝地说话对她来说却是一个大难题，为了改正这一缺点，她报了一个演讲培训班，想训练自己当众讲话的能力。第一天上台讲话，她半天憋不出一个字，只是说了几个字的自我介绍，很快就冲下讲台。她一度以为自己没办法学完这个课程，因为站在那么多人面前讲话，那么多双眼睛盯着她，简直就像下地狱一样煎熬。

　　后来她通过培训班的课程训练，结合自己的文字功底，把每次上台练习讲话都当作是一次演讲，提前备好草稿。每次上台时，她都在脑海中专注地回想写好的文章、日记一类的底稿，尽量形成比较现成和流畅的语句。随着不断的练习，她不再像第一次那样紧张得说不出话，因为提前准备和熟悉了稿子的内容，所以她顺利地完成了演说。虽然她的心里还是有点紧张，但那种紧张感却恰好到处地激发了她的潜能。

　　最后在培训班课程结束时举行的演讲比赛上，老师还拿了一个二等奖。此后老师就顺利地走上了教学岗位，每次都能很自信地站在讲台上，流畅地完成一场几十分钟的课程。这个学习的过程让她意识到，个人的性格并不是前进的阻碍，可以通过制定一些目标促使自己做出调整，就像她参加训练讲话的培训班。只要努力坚持下来，即使性格很内向的人也一样可以变得越来越自信。

内向者对接触外人、说话演讲、参加聚会等都很谨慎，因为他们害怕在交流沟通的时候说错话。一旦说错话，他们会不停地想来想去。有时候，内向者还会责怪自己说："我真的是太鲁莽了，下次千万不要再去当众讲话了。"如果这种想法在脑海中占了上风，那么会渐渐成为性格的障碍，可能会越发缺乏自信。这样他就很难应对工作中的一些挑战，甚至无法适应团队合作。

（二）自信来自一件件小事

只要从身边的一些小事做起，耐心地多花一些的时间，内向的人就可以提高自己的信心。例如在单位，应该主动与身边人多做交流，多参加同事间的聚会，多发表意见，哪怕暂时不喜欢，也要尽量多尝试，并且避免给自己太大的心理负担。

从同事间的简单相处，到参加工作会议和社交活动，再到客户之间的交流，逐渐扩大自己的交往圈子，逐渐把目标提高，一个阶段一个阶段地进行，相信不到一两年就会有较大的突破，内向性格者的自信心就能有很好的提升。

　　举一个日常生活中的例子：性格内向的男生怎么追求女生？很多人为此相当苦恼。因为他们本来话语就不多，遇到喜欢的女生还会更加紧张不安。但是，内向的人往往十分细心，会体谅人、照顾人，那么就应该发挥所长，用行动表示让对方产生好感。

　　如果是一个性格内向的人，一定不要在嘴上对女生说着甜言蜜语，却没有具体的行动来表示。比如吃饭时贴心地帮对方递筷子、倒茶，买东西时贴心地帮忙拿东西、撑伞，外出游玩时递纸巾、温馨接送……实际的行动才能让对方感到温暖。

　　一般性格外向的男生只会让女生觉得有趣、聊得开，但他们和女生进行深入沟通却并不容易，从这一点上看，性格内向的人反而有优势。他们心思细腻、善于聆听，在女生心情烦闷想要找人谈心的时候，可以静静地当一个倾听者，这正是性格内向的人最擅长的。

第二节　安静，让生命更充实

　　这个社会上多数成功的人都有一些共通的魅力，例如沉稳、果决、有毅力等。其中有些内向者并非不敢说话或者不爱说话，他们只是尽量避免无用的社交，习惯安静的环境，认为留在私人的空间里，更能专注于自己感兴趣的事情。因为这种专注的性格特质，内向的人才能够集中精神进行学习和研究，才能表现出不俗的专业能力，使他们的人生显得有意义，并且过得非常充实。

今天的生活中，多数人并没有真正全面地了解过内向性格，甚至一些内向的人也对自己的真实性格一片茫然。他们享受独处的安静，一般喜欢静静地读书和做一些思考。他们更愿意与自己的内心对话，关注自己想要什么，思索如何实现目标。就好比微软的创始人比尔·盖茨，他用自己非凡的见识让微软名扬天下，打造了一个传奇王国。所以，性格习惯并不一定就是缺陷，内向的人喜欢安静，其实更有利于发挥专长，能够使得他们在自己的世界里光芒万丈。

（一）环境因素影响性格的沉淀

内向的人一般不喜欢十分喧闹的环境，渴望在某一领域有所成就的人，都会在做事的时候高度专注。他们习惯进行深度思考，工作和生活中都很沉稳干练。如果没有一个足够安静的环境，他们可能很难做好事情，因为他们所从事的往往是专业性很强的工作。在事业上取得辉煌成绩的人，都具有敏锐的观察力和惊人的执行力，他们通常有独特的思想体系和思维方式，充满自律且自控，是最值得信赖的伙伴。

大多数性格内向的人往往喜欢星巴克，而不是肯德基。这并不是因为他们更爱喝咖啡，而不喜欢吃炸鸡，而是环境因素造成的。咖啡厅相对更安静，没有人干扰。他们在这种地方看书、上网甚至学习和写作，都能够让自己心态平和、充实安宁。不管自己未来的成就是大还是小，他们都会提升自己的知识面或某种技能，不希望自己被一些外在因素影响，也不会带着功利的心态生活。内向的人喜爱安静并不是目的本身，而是他们可以通过这种方式让自己找到人生的意义和价值。

著名作家马蒂·兰尼在书中引用过这样一个小故事。传说有个小国到中国来进贡，贡品是三个一模一样的金人。皇帝见到后很高兴，可是这小国的使者却出了一道难题。使者的问题是："这三个金人哪个最有价值？"三个金人形如一个模子里刻出来的，重量也完全一样，哪有什么区别？何谈价值的高低。这可难住了皇帝，他心想，自己泱泱大国若是被他小国的题目难住岂不颜面尽失，遭世人耻笑？于是皇帝心急如焚，寝食难安。他请来珠宝匠对这三个金人进行检查，称重量，看做工，请他们仔细鉴定，希望找出差别。但结果却让皇帝更加失望，所有人的答案都是：三个金人一模一样。于是，皇帝召集众大臣商量对策，众臣们面面相觑，毫无办法。这时有一位老大臣说他有办法，皇帝眉头一展，立即将老大臣和使者请到大殿上来。老大臣胸有成竹、不疾不徐地拿出三根稻草。只见他将第一根稻草插入第一个金人的耳朵里，这稻草从金人的另一边耳朵出来了。他将第二根稻草插入第二个金人的耳朵里，稻草从金人的嘴巴里直接掉了出来。而第三个金人，在老大臣把稻草插进它的耳朵后稻草便掉进了肚子里，什么响动也没有。老大臣说："第三个金人最有价值。"使者无语，答案正确。[①]

　　这个故事看似有点玄妙，但它却说明了嘴巴和耳朵是虚的，唯有心是实的。其实它告诉了我们一个再通俗不过的道理：生活中很多事该说的才可说，不该说的不要说；而最有价值的人，也不一定是最能说的人，而是能守得住秘密的人。所以，真正有本领的人多是善于倾听和善于思考的人，这些人在生活和工作中都喜欢安静的环境，让他们能够专心致志

---

① 见《内向者优势》马蒂·O.兰尼著，华东师范大学出版社 2008 年出版。

地做自己喜欢的事情。

（二）充实自己，也要注意时间管理

内向的人不喜欢将时间浪费在社交应酬方面，习惯进行有效的日程管理，这恰恰是他们的一个典型特质。如果善于利用这一优点，内向的人就可以更好地充实自己的知识和技能。即便不去做科学家、艺术家或者政治家，也可以在其他行业中很好地胜任工作。

内向者喜欢待在自己的舒适区，喜欢宅在家里，常常会被认为是性格缺陷，甚至一些内向的人也会自认为不好，这可能是因为他们没有找到真正值得自己投入去做的事情。如果找到了自己的目标，不论是学习、读书、写作、实验或练习某一种技术，那么就可以让生活充实起来，不会再无所事事。每个人的生活和工作都需要劳逸结合，想把自身爱好发展成为另外的副业，最重要的一点还是要善于做好时间管理。

我们每一个人都需要有效的时间管理，最好是七三比，70% 的时间努力进行自我增值，30% 的时间不要抱有任何幻想，持续社交，才有机会让那些新鲜的东西涌入生活。

做好时间管理，能在各种繁杂的事务中变被动为主动。

如今的年轻人工作都很繁忙，看似找不到时间提升自己。其实，在日常工作之余，尽量减少无效的娱乐，避免在床上或沙发上玩手机，就可以挤出很多时间来充电。哪怕是在家花费半个小时打扫卫生，做做家务清洁，也可以当作锻炼身体，同时还可以静心想想事情，胜过在网络上浪费时间。

当一个人在无事可做的时候，往往最容易陷入舒适的假象当中。今天的年轻人很容易把工作劳累当成借口，回家以后得过且过。从每一天到每一周再到每一个月，日积月累，往往就把很多能够提升自己的独处时间浪费了。

第三节　向内挖掘，活出人生的深度

性格内向的人大多专注于自己喜欢的事，他们会从自身理想的角度出发，尽力将这件事完美地呈现出来。他们习惯去做自己擅长的事，由于明确的目标导向性和坚持不懈的韧性，这样的人往往会呈现惊人的爆发力。

内向的性格特质会促使人们用心专注，挖掘事物的深层本质。这种性格特质的人精于分析，善于思索，这些特点不仅不会造成阻碍，反而有助于他们获得成功。

大部分性格内向的人只要善于运用性格特长，在自己喜爱的事业上发挥睿智，谨慎思考，专注于分析和应对种种问题，往往能够获得成功。世界投资大师巴菲特就是如此。当整个华尔街的其他公司都面临破产的时候，他却能凭借对金融行业多年的敏锐观察，精准地分析市场走向，最后绝地重生。所以在某些时候，正视并且相信内向性格带给我们的力量，反而能取得成功。

对于那些成功的人，可能很多人会认为，他们是练就了非凡的特质才会成功的。但生活中大多数内向的人，似乎很难发掘自己超越常人的优势。他们安静独处在私人空间，只向熟悉的朋友表现随意自在的一面，对寥寥数人才能敞开心扉，说一些比较深入的话题；在人多的公众场合就会非常安静，和大家保持距离，哪怕是工作中的同事，也需要很长时间才能熟悉。

事实上，作为一个内向的人，没必要一味地追求安静舒适的环境，总是觉得自己只有图书馆、咖啡厅这些毫无噪音的地方才能工作。如果心志坚定，无论外界多么纷扰自己的大脑都可以一片专注，就可以更好地发挥自己性格的长处。

假如换一个角度来看专注内心的问题，相比外向的人，内向的人做事细心，善于观察，喜欢深度思考，富有同理心，在工作中更能尊重他人的实际需求，与下属进行恰到好处的互动，更能在带领团队的过程中展示出独特的领导力。假如他们能专注地把心思用于自己的职业工作上，就能做出很好的成绩，成为团队的核心人物。只要做好自己，一个内向性格的人成为成功人士也没有什么奇怪的。

英国历史上伟大的首相丘吉尔，曾经也是个性格内向，甚至说话都有点结巴的人。丘吉尔很想改掉自己的缺点，他上学时在课堂上立志"我要做个演讲家"，但却遭到了同学们的嘲笑。可他并不理会旁人的冷嘲热讽，继续在学校日复一日地专注练习，用心做自己梦想的事——练习说话和演讲，最终这个曾经内向的少年在第二次世界大战中凭借慷慨激昂的演讲鼓舞了成千上万的人，并且成为英国军民的精神领袖，并被 BBC 选为有史以来最伟大的英国人之一。①

尽管你我终其一生或许都成不了像丘吉尔那样的伟人，但在生活中我们可以穷尽力量做好自己，充分挖掘自身的潜力，塑造自己最好的一面，打造无人可替的核心竞争力，成为自己人生的伟人。通过对内向性格的正确认知和不断调整改善，一定会逐渐取得进步。

---

① 见《丘吉尔传》，吴慧颖编著，辽海出版社 1998 年出版。

第二章
交往有道，提升沟通力

第一节　不要让朋友圈限制了你

　　如今社会的人际交往非常复杂，以至于很多人都会通过网络发泄情绪，也会通过网络发展一些人际关系来回避现实社会的交往。而性格内向的人更容易产生安于现状、止步于固定的人际网络的心理。内向的人是不是很难跨越朋友圈这个牢笼呢？

　　这种情况就像是一种"情绪化短视"，尽管现实生活的确存在各种不理想的情况，也容易带给人们各种负面的情绪，但《论语》中说的"君子和而不同"是很有道理的。我们的人生毕竟是通过不断地与人打交道而走下去的。不论交往媒介是什么，都应该平和的心态去表达，去沟通。即使有时候与别人的意见相左，也不要情绪激动、退缩畏惧，产生不愿意跨出"舒适区"的心理。我们经常会在与外界接触时获得失望、遭遇不顺，但不能因此产生只愿意待在自己的小圈子里的想法，否则内向的性格就难免朝着极端化的方向发展，成为病态。

进入新朋友的圈子，你不会很快就精通某个全新领域，但你要用心留意这方面的东西。[1]你先要找到自己的位置，多听、多看人家都在讲什么，看到不懂的问题，要马上查清楚，想办法去了解。一般人一听到对方说专业术语就感觉没法对话，但其实你可以只做一个称职的鼓掌者或者倾听者，为别人打气喝彩。或者，我们可以找一些彼此可能都会关注的话题，比如明星结婚的新闻、最近走红的电视剧，或者有关健身的话题。这些话题都普遍能为大众所接受，所以想交朋友，进入不同的圈子，不妨多多积累一些话题。

大部分性格内向的人都会说自己不太会交际，不敢跟别人说话。这样的人应该如何去扩大交际圈，该怎么破冰呢？

1. 主动打招呼，不怕被拒绝

有些人怕被拒绝，或者有这样的想法："我主动去跟人家

---

[1] 见《天下没有陌生人》，刘希平著，北京联合出版公司 2017 年出版。

打交道，是不是会显得我比别人低一等？"这种心理障碍是一定要消除的。去参加社交聚会，每个人都希望能多认识一些人。你跟人家打招呼之后，人家可能会觉得跟你行业不同，跟你的个性不同，或者想去认识一些别的人，于是他们跟你讲一会儿话之后，可能就去跟其他人打招呼了，这是正常现象，没必要觉得自己被轻视了。如果发现跟你谈话的对象要去跟其他人聊天，无须觉得不舒服，你也可以去找别的人说话，或者去做别的事情，派对本来就是一个结交朋友的地方。

2. 做好功课，寻找话题

有时候你可能会感觉和对方没有共同话题。其实想要结交更多朋友，需要先完善你自己，平常多看一点儿书，多学点儿东西。比如说在参加活动之前先要了解一下活动的主题内容，这样就会知道该怎么去跟人家讲话了。

3. 注意礼貌，善于服务

对于不熟悉的陌生人，谁都不可能一下子就把关系变得很亲近。如果普通的学生或年轻人要认识一些有成就的人，表现出适当的尊重和客气是必要的礼貌，不能一下子就表现得好像跟对方很亲近，而是应该保持一个适当的距离。作为普通人或者晚辈，在聚会或派对的场合帮人家斟茶倒水，人家喜欢吃什么帮忙夹菜，这些做法都能让对方感受到尊重。注意到人家可能有的需求，给他们提供点儿服务，这些贴心的小动作，会让别人觉得你是一个注意细节的人，觉得你很细心。如果你通过多参加活动，学会了怎样招呼别人和如何与人交流，以后再同人交往的时候，大家自然就会很快喜欢你这个朋友了。

第二节　话不在多，有用则灵

在朋友或同事之间要维系长时间的交往与合作，需要大家十分融洽的交流沟通，彼此之间要有一些默契。性格内向的人往往话语不多，但是只要双方理解到位，他们的话总是能够说得恰到好处。

内向的人与朋友交流喜欢选择与自己个性理念一致的人，他们希望双方能够聊出火花，获得彼此的认同。如果不是志趣相投的人，内向者往往很难展开流畅的对话。他们的确会表现得话很少，甚至会让人误以为态度敷衍、不尊重说话者。

（一）说话避免过直，尽量注意变通

内向的人对于交流很难做到求同存异。有时候迫于压力，他们会表现出直来直往的个性，用缺乏变通的方式，不给对

方留回旋的余地。比如上司说："今天下班前必须拿出给客户的修改方案。"如果你直接表示"做不到"，虽然简洁明快，但身处工作场合，这样做毫无疑问是不合适也是不明智的。

如果经过思考，选择某种变通的方式，你可以对上司说："一天的时间太紧张了，会议上提出的一系列修改建议，要进行复查和核对，给客户的预算和细节都要一一落实，这都需要时间，我明天之内交出来，您看可以吗？"

因为修改完善一个项目的方案的确需要很多的准备工作，一天时间确实是有些强人所难。但是你提出拒绝的同时，应该说出合情合理的理由，更重要的是你要交代完成任务的时间，而不能只表达"不行"和"做不到"。当前很多年轻人之所以会让领导和上级不满意，是因为他们只顾及自己承受的压力，只想要逃避麻烦，而不会主动思考和提供解决问题的方案。在这种情况下，内向的人如果还保持寡言少语的个性，就会让人误会你的工作态度不好，就容易造成误会和矛盾。

在社会上与人交往时，内向的人一般不会轻易地对他人表达出自己的真实想法，因为他们很在意对方是如何看待自己的。所以，内向的人要想在社会上从容应对，最根本的是需要增强自身的实力。内向性格的人本质上并不是害怕谈话沟通，他们只是对自己能否准确进行交流，能否体现出高素质和专业性等方面不够自信。他们对自己的表达非常敏感，并且有着高标准和严要求。

对于一些同行前辈，他们不想唯唯诺诺，很希望表达自己的想法，但又不敢轻易展开对话，很顾虑自己的表达不正确。其实，有时候不必想太多，只要带着学习请教的态度说出自己的意见就可以了，不用刻意去迎合对方，也不用非要坚持自己在一些人面前"平等对话"，请教本身就是专业的交流，也是学习的好机会。

性格内向的人在交流时更喜欢言简意赅，认为只要把意思说明确就好。如果有时候给他人造成一些不愉快，也并不是故意要对方难堪，而只是为了给出最直接有效的答案。

（二）拒绝别人但不要引起冲突

有时候工作太忙，拒绝同事的要求是很正常的，但要是朋友之间说拒绝就有些难以开口。内向的人一般十分在意和朋友的关系，碰到朋友提出要求就难以拒绝。在一些情况下，你确实心有余而力不足，帮不了对方就应该直接地说出来。可有的人觉得应该照顾朋友的面子，于是敷衍地说"我帮你试试看吧"或者"我帮忙问一声吧"。当时给了对方希望，但其实你并没有打算帮忙，或者的确是帮不上忙，于是后面再回复说"真的不行"的时候，只会让朋友空欢喜一场。

遇到这种情况，出于朋友的情分就不应该敷衍，最好直接和他讲"这事不妥"，或者直说为什么帮不上忙，是能力不够、还是不合某方面的规矩等。简单明白、坦坦荡荡地拒绝，这才是对朋友以诚相待的态度。也许有一些人会认为，敷衍的话不会令对方尴尬，但是朋友之间的承诺，是获得对方信任的基础。人际交往的核心应该是人的品质，这无关性格，你只需要确保人前人后言行一致，不要两面三刀，就能让人觉得你是一个值得交往的朋友。

除了朋友之间的问题，还有最敏感的处理矛盾冲突的问题。内向的人如何出言谨慎才能沟通顺畅，应该怎样做才是真正地为对方着想呢？

一旦发生问题，如果错误是在对方，你直接质问——"你不也有失误吗？"肯定会激化矛盾，还可能让对方的情绪和行为失控。为了获得最高效、最优质的交流体验，不妨向对方表达"我的感受"，而不是单纯地指责。你可以先声明"这件事情也让我感到很难受"，当对方情绪发泄后，不要急着为自己辩解，因为这时候对方正在气头上，你要做的不是解释问题，而是回应他的情绪。

当今社会上的一些年轻人，因为在工作中忍受不了各种人际问题，稍有不顺就跳槽离职。不少人心里其实都很明白，频繁跳槽对自己并没有太大的好处，可现在的年轻人都很冲动，不善于控制情绪，也忍受不了复杂的人际关系，更不愿意设法解决各种职场麻烦。尤其是面对领导的责骂和批评时，会情不自禁地感到委屈，以至于冲动顶撞，辞职了事。

心理学有研究表明，有时候在没有任何意识参与的情况下，人的情绪系统也可以自动做出反应。哪怕是在我们清楚地了解到原因之前，情绪系统也会采取行动。这就是为何人在情绪爆发的时候，往往会感到头脑一片空白的原因。因为那时头脑只是凭借激烈的情绪对突发情况做出自动的反应。

在职场交流中，如果你和对方意见不同，产生了冲突，不应该冲动急躁，而应该先找到双方共同的目标，找到彼此一致的利益，这才是最重要的。当然，人和人之间确实难免有分歧，如果大家一直都坚持自己的立场，不愿意让步妥协，共同目标就没法达成了。

举一个生活中常见的例子，比如在男女朋友或者丈夫妻子之间，每次过年要在哪里过的问题，常常会是一个争执的点。其实换一种思路，可以先不要讨论是在婆家过还是在娘家过，需要明白的要点是，大家的目标是维持两个人长久的关系，先确定了这个共同的目标，然后再想办法解决分歧。双方可以一起来找出解决方案，比如今年夫家过，明年妻家过；春节的前几天在夫家过，后几天在妻家过；元旦在夫家过，春节在妻家过；或是夫家和妻家在春节一起出来度假……只要双方稍微有所妥协，你就会发现其实有不少可行的解决方案。一旦找到缓和的台阶，就可以顺理成章地阻止对方因争吵而情绪失控。

第三节　说话也是一门学问

一套房子如果某扇窗户破了迟迟没有人去修理的话，过不了几天，房子的其他窗户也会莫名其妙地被人打破，这种现象在心理学上称为"破窗效应"①。这就是说：第一扇破窗如果不及时修理，恶性的结果就会扩大下去。

我们在生活和职场中与人沟通时，其实常常会遇到这种"破窗效应"。由于话不投机或不善表达，在聚会交流或者议

---

① 破窗效应（Broken windows theory）是犯罪学的一个理论，该理论由詹姆士·威尔逊及乔治·凯林提出，并刊于 The Atlantic Monthly1982 年 3 月版的一篇题为 Broken Windows 的文章中。

事谈判时，难免会出现冷场或者僵局，这无疑是一种任何人都不想经历的糟糕情形。万一出现类似的情况，作为主动会话的一方就需要快速打破尴尬，使谈话氛围重新和谐起来，避免交流被继续破坏。

对于一个经常迟到的员工，老板十分生气，脱口就是一句："不想干了就给我滚蛋！"而员工也很倔强，想也不想就回一句："走就走，有什么了不起！"于是，就因为几次迟到，就因为一次沟通障碍，一位老板可能就会失去一位能力还不错的员工，一位员工也可能失去了适合自己的工作，这就是典型的"破窗效应"。

性格内向的人在生活和工作中，虽然出于谨慎言语表现不多，但有时候也会和他人出现言语冲突，话不投机的情况在他们的经历中也很普遍。那么，内向的人如何化解交流中可能出现的冷场和僵局呢？"想得太多"并不是问题，重点是哪些才是有用的沟通方式的呢？

1. 开放式交谈

比如在一次聚会上，一般话题可能从天气开始。假如你说："今天的天气好冷啊！"对方通常都会回："是啊！"一问一答，这一轮对话到此结束。然后呢，你拼命在想接下来聊什么，这就很容易造成冷场，对不对？因为这是一种封闭

式的交谈法。如果选择开放式的交谈，你可以说："最近天气
好冷，我们公司流感撂倒了一片人，你们公司情况怎么样？"
对方不会再用简单的"是"或者"不是"回答，一般得说说
公司人员的情况。等对方回答完后，你就可以顺势聊聊工作
压力、办公环境等发散性的话题，了解到对方的一些兴趣点
后，就能将话题继续下去。

　　避免冷场最理想的方法就是尽量创造机会让对方多说。
只要对方不是故意避免交流，一旦挑起了对方感兴趣的话题，
就完全不必担心冷场的问题了。

　　2. 婉转转移话题

　　在一些商业场合或业务谈判中，有时对方难免会故意制
造一些令你为难和尴尬的情形。其实业务交涉中的许多僵局
都是由细微的事情引起的，诸如双方的性格差异、利益分歧
等。有时人们还会故意给对方出一些难题，迫使对方放弃目
标，使其向自己的目标妥协。因此，越是坚持各自的立场，
双方之间的分歧就会越来越大。这时候不管分歧是怎样的原
因引起的，作为沟通的一方，都应该及时缓解局面，适当引
入别的话题，打破尴尬气氛，促进洽谈顺利进行。

　　这种情况在广告传媒公司一定会遇到，甲乙双方有时会
为一个话题争论不休。例如客户作为甲方希望少花钱，就会

说："我希望贵公司能接受我们所提出的要求，否则就没什么好谈的了。"而作为乙方的广告公司就会对拒绝一些不必要条件的行为做出各种解释。甲方有时候还是会固执地认为："对于这些条件是没有商量余地的。"这种情况下，有时乙方就会提议："大家都说了一个上午了，恐怕肚子早饿了吧，我早就听说这附近某酒楼有几道招牌菜，还没尝过呢，要不咱们先吃饭，吃过饭再说这个问题。"双方到餐厅坐下来，然后聊一些关于美食、娱乐的轻松内容，让大家把注意力都放在吃饭和休闲一类话题上，就能使之前紧张的气氛得到缓和，也为后面继续沟通洽谈保留了余地。

当交流的障碍已经出现，不妨暂时结束这个话题。比如"关于这件事，你们的确非常有道理，但我们先谈刚才那个提案"，或者"正如你们所言，这是非常重要的问题，我们稍后进行调查再做报告，在这之前先说说这个问题"，或者"这些意见暂且先搁置，我们不妨换个角度来看"等，跳过眼前的争议，进入其他的方面进行探讨。

3. 预见性的转移

假如已经形成了尴尬的场面，交谈一定会变得很被动，那么，就不要等对方完全摊开话题，而是要主动引导转换话题，然后向对方征求意见，让对方发表高见，自己则保持诚恳的态度。这样不给对方继续话题的机会，就可以避免重提有争议的话题。

　　有时候，因为双方沟通涉及的观点或利益要求差距太大，就会形成针锋相对的局面，使沟通不顺畅，出现冷场甚至僵局。当然，在职场沟通或商业谈判等场合，观点不一致或者针锋相对并不等于交流失败。但如果不进行及时的处理，也容易产生不利的影响，甚至导致交谈中止。这时候，我们需要灵巧地转移话题，促使交谈顺利地进行下去。

　　我曾遇到过这样一种情况，一个汽车 4S 店销售的几款车最近接连好几次被召回。有一位客户来看车，直接问一位员工："你们公司最近好像召回了不少车吧？"这位员工听到这样的问题，当然不好否认，毕竟客户说的是事实。但是如果一口承认，那就等于告诉客户自己公司的汽车确实有问题，客户也许转身就会去别的店看车。于是，这位员工这样回答："是的，我们对一批车主进行回访后，发现了几处问题，公司非常重视，所以主动召回了一千多辆车。真的很感谢这些车主对我们召回行动的支持，根据我们后来的回访，满意率达到了 100%。您放心，我们对售出的每一辆车都会负责任的。看起来，您对汽车的质量和安全性能非常重视，是吧？"

　　这个员工的这番话，大方地坦承了公司产品存在的问题，并强调了是公司主动召回的，且顾客的满意率很高，这样就淡化了客户的担忧。最后，他顺势一转，将客户的关注点从汽车召回转移到了汽车质量与安全性上，自然地跳到了产品介绍的环节。这就是在引导话题，从不利引向有利。

在交际场合中，很多问题的出现是有其规律的，我们习惯上认为"尬聊"这种现象比较容易在两类人身上发生：一类是清高自大的人，一类是内向孤傲的人。他们的共同特点是容易自以为是，自我封闭。如果这些人想要达到良好的沟通，打破交际的壁垒，就要克服自我意识，树立开放思想，淡化"我"字，主动与他人进行交往。

第四节　如何优雅地说出"我反对"

波士顿大学客座教授、著名心理学家玛格丽特·赫夫曼[1]主张："勇于拒绝是促使组织与团队进步的关键。任何一家成

---

[1] 玛格丽特·赫夫曼，美国心理学家、畅销书作家、波士顿大学客座教授。毕业于剑桥大学，曾任BBC电视台制片人，曾陆续担任五家公司的CEO。她长期专注于研究人们工作和生活中的荒诞行为，并出版《赤裸真相》《女人至上》等书，均登上《纽约时报》畅销书榜。

熟的企业里，最佳的工作伙伴不该只是一个应声虫，而应是在反复的冲突与辩证中，互相启发视野、互相帮助，能够建立牢靠观点的人。"

　　著名职场电影《穿普拉达的女王》中，女主角安迪是一名职场新人，她的工作是为一位实施高压管理的魔鬼老板当助理。一开始，踏实勤奋的安迪承受着老板的各种要求，因为无法拒绝，她只好对工作以外的所有事说"不"，以至于她的私人生活一团乱。最后她诚实地面对自己的选择，以行动拒绝老板，打开了人生的另一扇窗。

（一）拒绝的同时给他人提供办法

　　虽然人人都知道应该合理拒绝，但并不是人人都敢于拒绝，善于拒绝。性格内向的人在激烈的职场竞争下努力适应，已经非常不容易了。对于新人来说更是如此，他们为了迎合公司的上级、前辈等，不懂拒绝无形中就会影响自己的工作表现，很容易忽略了自身的职责。

　　如果有人拜托你帮忙，而你自己手里有工作，答应这个事情会耽误你的工作，那这时候你就要分清事情的轻重缓急。你可以真诚地向他人说明："不好意思，今天有很多工作需要处理。如果时间允许，我完成本职工作后，再帮助你处理。"
等你完成本职工作后，再询问下求助者是否还需要帮助，真
诚友善的态度会被他人接受和信任。如果你的空闲时间较多，
当然应该主动帮助他人。尤其是职场新人，多和他人交流，
多学习技能，在协助别人的过程中多思考、多学习，能让你
有更宽广的发展空间。不仅能收获友谊，还能收获知识，可
谓是一举两得，达到双赢的局面。

　　一般情况下，开口直接拒绝别人是比较困难的，尤其是
拒绝与你关系比较好的同事。而当两位都与你关系不错的同
事同时寻求你的帮助时，你面临必须拒绝一个的情况，该怎
么选择？在这种情况下，你可以去帮那位你准备拒绝的同事
跟别人协调一下，设法让他的问题得到解决，这样可能比较
稳妥。虽然你没有提供直接的帮助，但你可以给他提供一些
建议，这样就避免了得罪同事，也不会让他对你有错误的
期待。

　　我们身处各种社会关系之中，有时候会因为和朋友关系
比较好而先考虑帮助他；有时候出于对工作大局的考量，可
能会拒绝关系好的朋友：这都是正常的情况。作为一个虑事
周全的内向者，应该把道理说明白，避免毫无解释和蛮不讲
理地拒绝别人。

（二）真诚不是毫无顾忌

在生活中，有些性格内向的人与朋友的关系很亲密，往往抱着说实话、不虚伪的心态说："我这是为你好，才跟你讲实话！"或认为自己是个性使然而说："我这个人是直肠子，心里藏不住话！"或是站在为朋友着想的立场说："要是连我都不跟你说真话，还有谁会跟你说！"诸如此类的"实话实说"有时并不能达到预期的效果，反而会伤及对方的感情。

客观来说，真诚的人都倾向于"实话实说"，可中肯的批评怎么才能被人接受呢？什么才是经过深思熟虑的批评？批评应该像一种为朋友考虑的"个人建议"，希望对方能够从言行举止或者业务技术等方面获得一些参考，不是单纯地针对对方的缺点，这样才能使对方容易接受。

从人际交往层面考虑，优雅的批评是一种中性的行为，既能够帮助一件事往好的方面发展，即所谓的改正失误；也有可能往坏的方面发展，破坏和谐的氛围，激化矛盾。内向的人一般不轻易表达态度和立场，但如果在必须要表达不同看法的时候，如何才能让批评不损害双方的情感，甚至增进双方的情感呢？

1. 谨慎批评，注意技巧

批评的目标是帮助人们修正自己的缺点和不足，但批评本身会造成一种让人不太舒服的心灵体验，尤其是在批评生活中与你关系密切的朋友或同事时一定要慎重，要从增进友谊、促进工作的角度入手。很多时候，当事人并非被批评人的雄辩而说服，而是为了从僵持中解脱，只是默认批评而已。所以，进行批评需要谨慎考虑可能出现的后果，权衡利弊之后，最好采用一种双方都乐于接受的方式进行，让对方尽量在能够接受的心理状态中认识到错误，从而改正错误。

例如面对一个朋友，尽量要弄清对方的心理承受能力，施加压力适可而止。而对一个自尊心很强的同事，即使他做了错事，批评也该是温和甚至不露痕迹的；对一些比较顽劣、懒惰甚至鲁莽冲撞的对象，需要拿出辩论式压倒性的批评，用各种论证手段，在道理上他已经辩驳不过去的时候，再施加抚慰，才可能取得预想的效果。

2. 注意批评的方式

人际交往有多种批评方式，如冷却式批评、暗示式批评、渐进式批评、谅解式批评、幽默式批评、鼓励式批评等，每种批评都各有利弊。

肯定式批评一般更容易让人接受，比如老师在学校里对某个同学进行批评，一般先会对这位同学的某方面做出肯定，然后再引出其不对与欠缺的地方，这样对方更容易认清自己的错误，不会让因为逆反心理而针锋相对。老师可以这样说："小张，我感觉你最近学习效率很高啊，你有没有考虑帮助一下其他同学呢？我想那样有助于你消化一些功课，我们班级整体的成绩可能会更好，你觉得呢？"肯定式批评既可以提高效率，又可以增进双方的感情，让批评发挥出更大的价值。

综合式批评更容易为人指明方向。例如在工作中下属犯了错，作为上级单纯为批评而去批评不是说不可以，但容易引发下属的抵抗情绪。这时候，不妨利用综合式批评方法，你可以说："小李，这个项目是因为人手不足，还是因为时间紧迫，以至于完成得不够理想？"你可以为同事分析错误出现的原因并提出改正方法，然后再指出对方的错误。"以后再有类似的项目，遇到什么问题可以早一点儿提出来，这样公司上下来得及协调安排，要避免以后再出现类似的情况。"这样对方就不会因为抵抗情绪而故意跟你过不去了。

诚恳式批评会更让人心存歉意。比如你和朋友共同在一个城市打工，大家租住一处。可朋友的生活习惯不知不觉影响了你，假如你要对他要提出批评，就不能只针对这个朋友。如果把握不好，很容易演变成冲突。这时用诚恳式的方式去沟通，就能让对方在错误面前心存歉疚和感激，从而改正问题。所以，批评别人不一定非得是暴脾气，换用更诚恳的语气，说不定就会赢得更大的效果。

第三章
立刻行动，打造执行力

第一节　行动，退缩之前先迈出第一步

内向的人最大的痛苦莫过于和陌生人打交道，尤其是在职场环境下，很多社交活动让内向的人经常感到不适，而这有时候是无法避免的。虽然他们也知道和别人打交道是为了达成更有意义的目标，例如传播自己的理念、帮团队获得资源、进入行业的专家圈子等，但内向的人往往会背着一些思想包袱，犹犹豫豫地参加活动，经常给人留下"不积极""话语不多"的印象。

现在是网络时代，短信、微信、QQ 等都是非常便捷的交流方式，很多事情不必面对面就能做成，但是，见面与不

见面，效果体验是不一样的。生活交际、职业追求迫使我们不得不去拓展人际圈。那么，内向的人怎么才能减少顾虑，主动跨出第一步呢？

内向的人喜欢安安静静，喜欢自由自在，喜欢做自己爱好的事情，追求内心的满足。那就可以从平时的生活方式出发，找到适合自己的工作或者针对感兴趣的话题主动与他人沟通。当然，同别人沟通交往，不应该刻意为了发展人际关系。不论性格是内向还是外向，交际中最忌讳的就是"功利心"。

在交往中切记少赶派对，少发名片，把时间花在读书、写东西或其他对提高自身有益的事情上。这些事能够塑造自己，充实内心。通过一点一滴的业绩和行动提升自己的能力，内向的人同样能够成为被外界认可的人，这样就会有更多的人去主动认识你，同样可以达到"认识与交流"的目的。不用刻意去营造，也不是有意达成，内向的人通过比较擅长的做事方式，通过具体的行动去实现交往，更加能够得到心灵的满足。

现实中的人际关系本身也是如此，如果性格内向的人急于改变自己孤僻的形象，希望通过多参加社交活动跨出第一步，这也是好事。但大多数内向的人在单纯交往上建立稳固交际的可能性并不高，这对他们来说有些强人所难了。但是，主动认识别人，初步学会闲聊，这并不困难，只要避免功利心态，不要带着很强的目的性同别人说话，能通过一些闲聊给人带来轻松愉悦的感觉，那么交际起来就不会很难了。

一个人只有活得像自己，活出属于自己的精彩，才会吸引别人的目光，得到由衷的欣赏。尤其是在当今的网络时代，沟通和交流不必受距离或其他条件限制。性格内向的人要跨出自己的世界，可以通过各种方式充实内心，增强能力，树立信心。还是那句话，认识对方并不难，问题在于认识以后能不能长久地把双方之间的关系很好地维系下去，真正成为生活和工作上的朋友。

在人际交往层面，外向的人为了活得更好需要建立各种人际关系，而内向的人其实相反，当他们的事业发展得很好时，人际关系自然就会得到拓展。也就是说，内向的人需要找到属于自己的世界，活出精彩，做出成绩。当自己是这一个领域的专业人才或者知名人士时，很多同一行业的人都会成为你的朋友，很多喜欢欣赏你的人也都会慕名而来，到时候你就会发现很多志同道合的朋友，很多以前封闭的大门自然而然就会打开了。所以，成就自己才会得到别人更多的认同。

要想在社会上体现自己存在的价值，树立良好的口碑，必须熟悉和掌握自己的工作。优秀表现和职业素养能在日常工作中得到大家认可。很多人认为取得成功的原因中性格因素占了第一位，只要为人圆滑就能在社会上混得好，这是一个严重的错误认知。资深的职场人都有社会经验，你是真心对人，还是虚情假意，明眼人一看就知道，只是很多时候大家随声应和，不想揭穿而已。

在职场中想要建立良好的关系网络，需要你的不断付出，时间久了，别人自然就能感觉到你的心意。虽然我们每个人都把家庭或友谊当成人生的港湾，但你每天跟家人、朋友交流的东西，却远远不及跟同事交流的东西多。就像你在帮助家人时，从来没想过要回报。你在帮同事时，最好也别想这个问题。在职场做事，帮助别人就是帮助自己。

话多的人一般在职场不大受欢迎。这种人表面上和大家相处得很好，但实际上多数人都不会和这类人有更深一层的交流，因为这种人一般很难保守秘密，也不懂得处理好与人交往的分寸。最好的做法就是多做事，少说话，可以对工作以外的事情发表看法，但不宜评价同事和领导。

尽管很多人期望在职场上八面玲珑，能够与所有人都保持良好的关系，但刻意地表现会显得没有原则性，也很难在公司树立威信。如何保持自己的原则，需要我们在职场上慢慢摸索。做事坚持原则，虽然开始会得罪别人，不利于工作的开展，但时间长了会让人觉得这个人原则性很强，值得信任，这对将来的工作十分有利。

第二节 放弃借口才能取得进步

现实生活中，我们不论做什么事情，难免发生各种意想不到的状况，出差错也是正常的。性格内向的人往往特别在意别人的态度和眼光，害怕承认自己客观存在的一些不足，这是一个很致命的问题。

一旦交往中出现一些误会，工作上出现一些问题，很多人都会习惯性地去辩解，忌讳承认自己的错误并且做出道歉。一大堆解释的"潜台词"，无非就是想表达"至少不完全是我的错"。因为内向的人存在潜在的"完美主义"倾向，他们尤其害怕自己的表现被人指责和批评。

事实上我们要承认，任何人都不可能是完美的，也没有什么事情是完美的。如果自己负有一定程度的责任，显然放弃借口、承认错误是有必要的。如果一个人回避和消极对待自己的问题，往往是缺乏责任感的体现。在任何情况下，这样的人都无法被给予正面评价，也无法给人留下靠谱和值得信任的印象，因此也就很难获得交往上的认同与支持。那么他不论身处任何工作、任何团队中，向前迈进的难度都会很大。

放弃借口，尝试真正去改正失误，即使一时之间没有达到要求，或者没有得到别人的理解和支持，也没有关系，可以通过自己的努力让别人感受到你的诚意。

我曾工作过的一家杂志社里，有一个女生小张是那里的首席编辑，入职有三四年了，人很文静内向，但工作起来很认真。从名不见经传的小写手到单位的骨干，她付出了很多努力。一次闲聊时，她很谦虚地跟我说："我来的时候很怕自己做不下来。"我有些不敢相信。小张说她上一份工作也是在一家杂志社，但她在实习期间就经常犯错误，遭到了前辈和同事的批评，部门主管还找她谈话，问她愿不愿意调换到别的岗位。

"当初我就是因为喜欢文字、爱好写东西才到杂志社工作，可如果让我做文职工作，与我的理想差得太远了。"她的想法遭到了主管的反驳，主管坚持认为小张能力有限，不适合目前的工作。虽然爱好写作，但小张也觉得可能自己真的不适合做编辑或采写工作，最终她选择了辞职。

　　小张接连休息了好几个月，反思了很久，最后还是决定要坚持下去。"其实，我也怀疑过自己的能力，觉得自己可能不行，或许爱好真的不能当成工作来做。"但她不服输，哪怕压力再大，小张也决定再试一试。

　　进入第二家杂志社后，小张把前辈曾经做过的访问、采写的稿件都通读了一遍，认为好的部分她都摘录下来，在业余时间里，她学习了很多关于采写和编辑的知识。到现在第四年，小张成了杂志社的首席编辑。

　　小张当初的错误不但没有把她打倒，反而让她涌起了一股不服输的拼劲。并不是别人说她不行，她就认为自己真的不行。小张没有找借口放弃自己的爱好和理想，而是经过不断的努力，用行动为自己做了证明，换来了理想的成绩。

　　在人与人的交往过程中，不要一味地追求自己利益的满足，这样有可能会伤害与对方的关系。这个道理很简单，但做到却很难。很多人都会为了自身的利益而找各种理由充当借口，即使伤害对方也毫不在意。在商业社会中，彼此之间目的性很强的交往观念，很损害人与人的正常信任。

　　很多人在从事一个工作或者完成一个项目的过程中，最费力气的可能不是处理业务本身，而是和客户进行谈判。早年的一些项目，一般是先完成任务，然后再结算，最后所有的费用只要看上报的费用清单就明晰了，大家都很实在，该是多少就是多少，没有什么借口和理由敷衍对方。但随着时代的发展和商业社会的进步，在如今的商务合作中，甲乙双方似乎从未愉快地达成协议。

对于任何一家被委托的公司来说，最主要的目标是追求利益的最大化，而对于委托一方的客户来说，追求的是预算的最小化。虽然我们希望与每一个客户和和气气，但很多时候利益上的冲突是没办法调和的，双方都在寻找各种理由和诸多借口为自己争取利益。在这种情况下，如果一方能够充分地认识到合作的必要性，放弃一些执着，主动妥协让步，那么双方就能顺利地达成合作，项目的成功才是最有利于双方的，不是吗？如果过于苛刻，对于合作过程中的默契培养也是一个阻力。其实大可不必过于吹毛求疵，只斤斤计较眼前的利益，而忽视了双方长远的利益就得不偿失了。

第三节　让思想为行动领航

性格内向的人善于深思，对于身边一切都很敏感，能够为理想构建宏伟的蓝图。但是，内向的人适应环境和应对挑战的能力却相对较差，面对环境的变化，他们通常需要比较长的适应期，平复不安的消极情绪，同时思考相应的对策。

在如今纷繁嘈杂的社会里，每一个重大的决定、每一次具体的行动似乎都需要经过重重论证，不论是个人行为还是公司企业的决策。性格内向的人身处其中，往往能起到很关键的参谋作用。

在一些重要的事情上，内向的人会做出全方位的思考，显得很有准备，这正体现了他们具有的深度思考力和洞察力，并且这些超强的能力能够为行动提供能量和保障。

内向者的思想是行动的指引，也是行动的力量源泉。

性格内向的人在深度思考时，会将过去的经验与新的事实联系起来，以此来启发创造解决新问题的方法。他们喜欢怀旧，也会为未来的学习做准备。他们喜欢在头脑中思索事件的脉络，看看事物之间是如何联系的，并且使用很多充满智慧的技巧来解决问题。

内向的人不一定是某个方面的领导者，但他们习惯在其他人说话时多观察。对人们的反应和感知进行仔细观察是内向人格的强大特征。他们能很快学会多种看待事物的方法，以便更好地与他人进行交流。

性格内向的人作为耐心和积极的听众，在他人遇到挫折或者感到失望时，充当了能够及时提供帮助和支持的人。他们以旁观者的身份观察事情，也以同情者的身份体察朋友的感受。经过深思熟虑，他们还可以为别人提供行动的方案，并用有实际意义的策略来帮助他人解决问题。

现实生活中，人们过于崇尚行动力和表现力，也是基于外向型主导的社会理念。人们太过于看重某个行为的胜利，对人与人之间的竞争十分重视，这使得人人都感到自己在孤军作战。性格内向的人对社会现实的本质有了充分而深刻的认识，在做决定时不断促使自己内省，希望自己的行动符合内心的准则，希望理想不被现实利益蒙蔽。

内向的人有一种优美的气质，有一种比寻常人更深一层的思考认知能力。而且，内向的人在情感表达方式上比较收敛，既不会过度消沉，也不会太过激动，而这正是人们形成高雅风度的一种内在力量。他们的言行举止体现出的内在的气质，能够促使他们在工作和生活中达成理想中的目标。

结束语

今天很多年轻人找工作时，在个人简历中，往往会不自觉地对自己的待人接物、与人相处的能力强调一下"性格开朗、善于沟通、组织能力强……"不管自己是不是这样，也不管自己喜不喜欢这样。显而易见，当今商业社会的主流更需要这样的人，普遍不喜欢性格沉默、不善于沟通、组织能力不强的人。

20 世纪 20 年代瑞士心理学家卡尔·荣格提出人格类型学说，他认为性格内向的人是被内心世界的想法和感受吸引，而外向的人倾向于关注人们外部的生活及活动。内向性格者的注意力往往集中在事物内部或者这些事物的意义上，而外向性格者会投身到事件当中。内向者大多在独处的时候为自己充电，而外向者则会投身社交活动中，除非这些事情满足不了他们自身的需求，否则一般不会主动为自己充电。

"内向"原本是一个中性词，后来却变成代表敏感、保守、脆弱、悲观、孤独、冷漠、沉默寡言、顾影自怜的贬义词。内向安静的人，长期在崇尚竞争与合作的社会环境里被边缘化。

本书通过各章的梳理和分析，还原了内向性格者方方面面的真实形象，试图澄清长期以来对内向性格者的误解。诸如不爱说话、不合群、在陌生人面前紧张等，这些仅仅是内向的某一些方面的表现。事实上，内向性格的特征和外向性格一样存在两面性，外向的冲动、话多、积极、果敢等表现一样有不利因素，我们应该辩证地看待这些性格问题。

世界上有很多专业的心理学家、作家都有论述性格的著作，例如苏珊·凯恩的《内向性格的竞争力》、马蒂·兰尼的《内向者心理学》等都非常知名。他们通过许多实际案例说明，内向的人在这个社会中其实有不少的优势，他们可以通过自己的不懈努力获得成功。

苏珊·凯恩在书中用了很多内容批判推崇外向性格的现象，这种偏见长期积淀于美国文化中，包括批判哈佛商学院对人才的培养模式。她描述了很多内向者的优势和他们独一无二的特质。她说道:"上帝为什么会选择摩西作为先知?他是一个既口吃又恐惧当众演讲的人。人们之所以跟随摩西,并不是因为他讲得多好,而是因为他的一言一行都是深思熟虑的产物。"她也引用爱因斯坦的话:"我单枪匹马,不成群也不结对,因为我知道,要到达既定的目标,必须要有一个人来思考、来指挥。"反思我们对团队合作精神的过于强调,她认为,对很多工作而言,团队的绩效还没有独自工作好。

作为一个内向的人,苏珊·凯恩也并没有一味地对内向性格高唱赞歌。她认为内向者的性情很大程度上是由基因决定的,具体的个性确实可以在后天塑造。内向者也要取其精华,去其糟粕,人们可以达到自由意志,超越自己原有的性情。她也注意到性格的多样性——毫无疑问,一个害羞的人会害怕陌生人的注意,这并不是对陌生人的恐惧。他在战场上可能会是一个无畏的英雄,但也会在陌生人面前缺乏自信。[1]

如果追溯历史,美国人性格的形成是从"五月花"号开始的——他们的先祖都是一些具有冒险、开拓精神的人。对

---

[1] 见《内向性格的竞争力》,苏珊·凯恩著,中信出版社2012年出版。

新大陆的不断开荒和商业社会的发展，都要求大部分美国人把自己的性格塑造成外向型。内向的性格多少会遭到边缘化，以至于人们会说："那些不爱说话的人不是能力不济，就是心不在焉。"在美国，有个每年产值一百多亿元的产业叫心理自助产业，简单地说就是把内向者、对自我恐惧者、缺乏自信者培训成信心满满的外向者。这个行业的始祖，就是写了《人性的弱点》和《人性的优点》的卡耐基。

当今中国社会不断迅速发展，同样以经济商业主导着社会主流价值取向。尽管客观的现实社会越来越崇尚外向型性格，但多数内向性格的人一样可以与他人融洽工作，并且他们更加灵活、独立，有更集中的注意力，有责任感，有创造力，有分析能力。多数人在学习、工作中，过于依赖性格外向者活跃气氛，制造默契，其实他们并不了解内向者的优势，往往对性格内向者产生错误的判定：不友善、缺乏交际能力、不爱与他人沟通、不喜欢接近人、沉默寡言……

今天的中国社会环境继承了很多传统文化的内涵。我们中华民族是以孔孟之道发展起来的，崇尚以和为贵、谦谦君子、温文尔雅等标准。换句话说，个性内敛、不露锋芒是与生俱来的能力。遇到事情应该以平和的心境先看别人怎么说怎么做，而不是任由自己随意说出不理智的想法。因为那样会被认为是非常鲁莽无知的，甚至会贻笑大方。但传统思想的束缚也慢慢影响着我们大多数人的思维和意识。

长久以来，多数人想要从事创造性工作并不现实。内向性格的成长环境并不理想，社会方面充满太多约束，内向的人必须跟大家的轨道相同，不可以做出违背主流思想的事情。所以，性格内向的人在这种比较压抑的氛围下，受到许多异样的眼光。进入 21 世纪以来，很多中国人依然无法适应今天快速多变的社会环境，所以，推出这本书正是希望从我们当今的环境出发，为性格内向的人提供切合实际的参照意义。

最后，我们总结这本书的一点初心是：

第一，希望每一个性格内向的人都能认识到自己的优势。

每一个内向的人都拥有某种自身优势，通过本书的论述，应该坚定自己的信念，内向绝不是性格的缺陷。当然，性格的区分没有特别明显的界限，内向和外向也没有严格的定义。任何性格的人都没有必要固守自己性格中不好的地方。其实，内向与外向只是名称的区别而已，生活中很多东西的本质，是不管你是什么身份的人都应该去坚持寻找的。

第二，希望每一个内向的人都可以更好地扬长避短。

通过书中介绍的内容，每一个人都可以更加清楚地了解自己，以平和宽容的心态来面对自己。不论内向还是外向，基因决定了我们根本无法逃离的内在的东西。所以，后天的种种刻意努力最终的目的还是让自己可以更好地扬长避短。中国有一种文化特质就是提倡审时度势，时刻准备改变，但这需要让自己从属于真实的内心，如同坚守信仰一般的坚定。你需要顺应潮流，但要避免随波逐流，几天外向起来，再过段时间又变得内向起来，反反复复，让人无从捉摸，也让人敬而远之。

第三，返归本心，以成长的心态走向成熟。

希望每一个人能够以成长的眼光、欣赏的角度来发展自己的特质，无须纠结于内向更好，还是外向更好。每个人年纪不同、生活的压力不同、物质的追求也不同，所以不能一概而论。就像我们一生几十年，不一定守着固定的一份工作。一种性格也会表现出不同方面的特质，甚至很多时候很多特质是相互兼容的，并不会发生冲突。兼容并包才会体现出成熟的人格。

时代特质不以某一类人的意志为转移，社会也一直向前不断地发展，我们对自我的认定也发生着很大的变化。因为社会对人们外出工作、互相交际有着一些要求，所以很多属于内向的性格的人一直希望掩饰自己，甚至改变自己，将自己装扮成外向型的人格，这是最错误的一种方式。

第四，没有必要企图转换自己的性格。

希望通过这本书澄清一种偏见，那些渴望改变性格的人，心理上承受的压力和无力感是外人无法想象的。"人前人后两张皮"原本就是很负面的评价。既然我们非常反感刻意伪装自己隐藏真实本性的人，那为什么还想要倡导去做这样的人呢？

世界天大地大，原本就存在着多样性。本书中揭示的方方面面，都在意图告诉性格内向的人，要认清自己身性格的劣势与优势，从生活工作的实际出发，从周围的小圈子延伸到外部环境，不需要改变太多东西，不需要执着把自己变成社交达人。只需要尽力弥补一些太过明显的不足，总会有人欣赏你的美。

当一个人真正清楚地了解自己，就无须再纠结要"彻底改变"。你就是性格内向的人，你只需要做好自己，不但可以在自己的生活圈中游刃有余，同样可以尝试进入更广阔的圈子。只要循序渐进，只要找对方式，只要敢于尝试，没什么不可以。

既然清楚地了解了自己，深知我们身处这样一个外向型的社会，为了在真实世界生活得更好，人生更有效率，我们需要在生理上和心理上完善真我。对我们个人而言，最重要的人生目标是坦诚接受自己的性格，使我们的人生更加幸福。

　　朋友，请充分发展自己真实的性格，用属于内向者的真诚，怀抱自我的初心，倾听他人的内心，伸出双手，你一定可以拥抱整个世界。

图书在版编目（CIP）数据

内向者的竞争力 / 谭云飞著 . -- 南京 : 江苏凤凰
文艺出版社 , 2019.7
ISBN 978-7-5594-3687-0

Ⅰ . ①内… Ⅱ . ①谭… Ⅲ . ①内倾性格 – 通俗读物
Ⅳ . ① B848.6-49

中国版本图书馆 CIP 数据核字 (2019) 第 079100 号

内向者的竞争力

谭云飞 著

责任编辑　刘洲原

特约编辑　刘思懿　申惠妍

装帧设计　原　色

责任印制　刘　巍

出版发行　江苏凤凰文艺出版社

　　　　　南京市中央路 165 号，邮编：210009

网　　址　http://www.jswenyi.com

印　　刷　北京永顺兴望印刷厂

开　　本　880 × 1230 毫米 1/32

印　　张　7.25

字　　数　120 千字

版　　次　2019 年 7 月第 1 版　2019 年 7 月第 1 次印刷

书　　号　ISBN 978-7-5594-3687-0

定　　价　39.80 元

江苏凤凰文艺版图书凡印刷、装订错误可随时向承印厂调换